食品安全的
121个细节

SHIPIN ANQUAN DE 121 GE XIJIE

主　编　任建伟

编著者（以姓氏笔画为序）

亢瑞宾　田向东　付精鹤　任建伟　任建设

刘荣远　李少林　杨　涛　杨庆军　杨建国

张相震　周白宇　赵　瑞　赵世友　段廷保

高大国　高春波　高春艳　蔺志君

人民军医出版社

PEOPLE'S MILITARY MEDICAL PRESS

北　京

图书在版编目（CIP）数据

食品安全的121个细节：我把一切告诉您 / 任建伟主编. —北京：人民军医出版社，2014.12

ISBN 978-7-5091-7895-9

Ⅰ. ①食… Ⅱ. ①任… Ⅲ. ①食品安全－基本知识 Ⅳ. ①TS201.6

中国版本图书馆CIP数据核字(2014)第227935号

策划编辑：崔晓荣　　文字编辑：夏龙梅　卢紫晔　　责任审读：张宇辉　周晓洲

出版发行：人民军医出版社　　　　　　　　经销：新华书店

通信地址：北京市100036信箱 188 分箱　　　邮编：100036

质量反馈电话：（010）51927290；（010）51927283

邮购电话：（010）51927252

策划编辑电话：（010）51927288

网址：www.pmmp.com.cn

印刷：北京天宇星印刷厂　　装订：京兰装订有限公司

开本：787mm × 1092mm　　　　1/16

印张：14.25　　字数：162千字

版、印次：2014年 12 月第 1 版第 1 次印刷

印数：0001—6000

定价：36.00元

这本书让您读懂食品安全

任建伟老师编著的新书即将出版，可喜可贺。邀我作序，甚是为难。虽然我从事食品工作20年，还参与了北京奥运会供奥食品的管理工作，颇有些感触，但是经手的工作都比较具体，属于微观层面，首次探讨宏观命题，真有点盲人摸象，有种不知从何说起的感觉。既然是祝贺任老师的新书出版，那就简单地谈两句吧。

食品安全关系到人民群众的身体健康和生命安全，关系到经济发展和社会稳定，党中央、国务院历来把食品安全工作当作重中之重。特别是近几年，不断调整充实各级食品安全主管部门的职能，切实解决了食品安全领域存在的突出问题。但部分人为了追求经济利益，使得食品安全不那么令人如意。仔细盘点，发现近几年发生的食品安全事件如此之多，有些令人恐慌：婴儿奶粉、染色馒头、瘦肉精、地沟油，直至最近号称"大自然搬运工"的矿泉水公司深陷食品安全标准的争议……黑幕曝光后，各方企业的公关花样是千姿百态：有鞠躬道歉的，有发誓赌咒的，有洒泪忏悔的，有"义愤填膺"的，也有忙着遮掩的。一旦风头过后，有功德心的痛改前非，良心坏的依然故我。

　　有人说这么大的国家出现点食品安全问题，不足为奇，这其中不乏竞争对手之间的揭露、攻击，更不乏新闻媒体的炒作；有人说乱世需用重典，矫枉必须过正，假冒伪劣一旦"露头"，就罚他个倾家荡产、牢底坐穿，看他服气不服气；也有人说，食品是企业生产出来的，不是政府部门监管出来的，也不是检验部门检验出来的，更不是单纯靠法律严惩出来的，从某种意义讲，食品企业更重要的是做一个良心企业。良心是什么？良心是大爱之心，良心是正直之心，良心是诚信之心，良心是善良之心，良心是感恩之心，良心是豁达之心，良心是敬业之心，良心是廉洁之心。做良心企业不是挂在嘴边，而是靠行动生产出良心产品，使百姓用得安心。一个企业是否有良心，可以从产品质量、老板对员工、员工对企业、企业对客户、客户对利润等细节体现出来。自己做的食品不吃，别人做的呢？亲戚朋友可以告知，芸芸众生呢？

　　生长在农村的朋友们都知道用自家麦子磨成面粉，蒸出来的馒头并不雪白，而是有点发黄。我曾经建议一个卖馒头的朋友做不含增白剂的馒头，可是没过多久，就因为发黄、干瘪无人购买，干不下去了。而那些添加了增白剂、膨松剂、防腐剂的馒头则供不应求。真不明白大家买食品是看的还是吃的？每当曝出有毒食品，消费者都会异口同声地谴责黑心生产者，可是到了市场，大家依然会选择外表漂亮的食品，依然会去黑心作坊购买廉价的产品。专家说的很有道理：有什么样的消费者，就会有什么样的市场。面对错综复杂的食品安全问题，我们每一位消费者除了发牢骚，是不是应该反思一下自己的行为？

任建伟老师就是有感于此，才编写了这本书，从人造有毒食品背后的秘密，到餐桌上隐藏的危险，再到田野上的食品安全，乃至居民健康的生活方式都是本书谈及的话题。一个宗旨就是告诉大家：食品安全进万家，幸福生活靠大家。这也是我向大家推荐本书的重要原因。我经常在想，如果每个食品生产者都在做良心工程，每个消费者都能理性地识别假冒伪劣，然后再拥有一个健康的生活方式，那么，这个世界将会变得更加和谐、美满！

中国质量认证中心公正性委员会委员　　田向东

2014年9月29日

序二

促进食品安全科学普及，
共同维护食品安全

中国科协副主席　程东红

　　食品安全已经成为我国公众关注的社会热点之一，是重大的民生问题。开展食品安全的科学普及对于促进食品安全工作具有重要意义。当前在各界的共同努力下，我国的食品安全形势进一步好转，然而公众对于食品安全的信心依然不足，一个重要的原因就是公众对于食品安全缺乏足够的科学认知，迫切需要掌握和了解相关的食品安全科学知识，从而建立起食品安全方面独立的、科学的判断能力。在2011年，国务院食品安全委员会颁布了《食品安全宣传教育工作纲要（2011-2015年）》，特别对食品安全的宣传提出具体要求，正是体现了这一点。

　　食品安全科学普及工作，是贯彻落实《全民科学素质行动计划纲要（2006-2010-2020年）》的重要内容。全民科学素质是全民素质的重要组成部分，全民科学素质的水平是中国实现科技强国梦的重要基础。食品安全作为社会热点，人们在处理实际问题和参与相关公共事

务时必须具备一定的食品安全科学知识。作为《全民科学素质行动计划纲要（2006-2010-2020年）》实施工作办公室，中国科协将始终把食品安全的科学普及作为全民科学素质提升工作的突破点之一。2011年以来，中国科协通过统筹和组织全国各相关学会、地方科协开展了形式多样、内容丰富的食品安全科学普及活动。特别是在去年，我们将"食品安全与公众健康"作为全国科普日的活动主题，在全国范围内开展了大量的食品安全相关科普活动，以提升社会各界对食品安全的科学认知。此外，去年我们和国务院食品安全委员会办公室共同组织编写了《食品安全科普宣传大纲》，为全国各级组织机构开展食品安全科学普及工作提供指导，大大促进了我国食品安全科学普及工作的广泛开展。

今年以来，在党的十八大精神指引下，中国科协进一步加强了食品安全方面的科普工作。刚刚结束的大学生科普作品创作大赛中还专门将食品安全科普作为重要主题，组织科普作品创作，出版了一系列相关科普读物。今年食品安全周期间，全国各级科协还将围绕《食品安全科普宣传大纲》组织开展系列科普活动，为促进广大人民群众食品安全科学知识的普及而努力。

（在2013年全国食品安全宣传周上的讲话节选）

中国科协副主席　程东红

目录 | MULU

第一篇　餐桌上隐藏的危险

第四篇 维权监督篇

第一篇

餐桌上隐藏的危险

食品安全乃是当今的热门话题，何谓食品安全，它的内涵与外延是什么？这一直是大众关心的话题。辞海给出的最新解释是指食品供给能否保证人类的生存和健康，主要包含三层涵义。

第一层食品数量安全，即一个国家、地区能否生产本民族基本生存所需的基本食品。试想一个国家如果饿殍载道，连吃的底线都保障不了，遑论其他。

第二层食品质量安全，是指一个国家、地区提供的食品能否在营养、卫生方面满足和保障人们的健康需要。忍饥挨饿的饥荒年代过去了，怎么能够保障食品质量不受污染、吃得健康是百姓关心的问题。

第三层健康膳食，是指由营养过剩或营养缺乏而导致对人体健康的危害等，这是高层次要求。

第一章

热点食品安全事件背后的真相

中国人在食品中完成了化学扫盲：从大米中认识了石蜡，从火腿中认识了敌敌畏，从咸鸭蛋、辣椒酱里认识了苏丹红，从火锅里认识了甲醛（福尔马林），从银耳、蜜枣里认识了硫黄，从木耳里认识了硫酸铜，"三鹿"奶粉又让同胞知道了三聚氰胺的化学作用……

一段轻涩的调侃，道出了诸多的无奈。我国是食品生产和消费大国，每天有200多万吨食物走上13亿人的餐桌，有毒食品随时可见，每天人们吃进肚子里的食物究竟是什么……

一、主食类一波未平

陈化粮 据粮食部门介绍，大米一般分为新粮、陈粮和陈化粮 3 种。当年的大米属于新粮，第一次储存期限超过 1 年的是陈粮，储存后变质的粮食是陈化粮。陈化粮价格相当低廉，目前市场上陈化粮（大米）的价格一般约为正常粮价一半，每500克1元左右甚至更低。这些"陈化粮"大多被一些不法商贩购去，对陈米进行"加工"后使其变得像新米一样晶莹透明，假冒好米在市场销售。这种毒米中的黄曲霉毒素是目前发现的最强化学致癌物，在280℃高温下仍可存活。据有关报道，陈化粮在北京、河北、河南、山东、福建等地的粮食批发市场都有销售，而这些本不是口粮的陈化粮被一些承揽工程的包工头购买，成为了民工们的口粮，被农民工消费了。

植物油抛光大米 用植物油抛光大米已经成了行业潜规则。一些不法厂商使用便宜有毒的工业用油抛光大米，食用这种大米轻则影响人的消化系统和神经系统，重则危及生命。由于地理位置的原因，黑龙江省五常县产的"五常香米"质量好、价格高，不法厂商就用普通米兑香精制造"香米"，一瓶香精能让10吨米变"香"。专家告诫，香精很难被人体消化，大部分存留在肝，严重的可能导致肝癌、肝硬化等重大疾病。

染色馒头 染色馒头是通过回收馒头再加上着色剂做出来的，其中掺有防腐剂山梨酸钾、甜味剂甜蜜素和色素柠檬黄。如果长期过度食用甜味剂超标的食品，就会因摄入过量而对人体造成危害，特别对代谢排毒能力较弱的老人、孕妇、小孩危害更明显，因为甜蜜素有致癌、致畸、损害肾功能等不良反应。食用柠檬黄会导致儿童多动症，甚至使智商降5分，其他反应还包括焦虑、偏头痛、忧郁症、视觉模糊、哮喘、发痒、四肢无力等。

2011年4月初，中央电视台节目曝光：在上海市一些超市的主食专柜都在销售某公司生产的3种染色馒头。这些馒头系染色制成，加有防腐剂防止发霉。馒头生产日期标注为进超市

的日期，过期回收加工后重新销售。每天有3万个问题馒头销往30多家超市。黑幕曝光后，上海市质监局连夜对该食品有限公司进行查处，查封涉案的食品添加剂、产品生产记录、销售台账等证据，责令该企业停产整顿并召回涉案产品，企业负责人也被公安部门采取控制措施。

地沟油 地沟油泛指在生活中存在的各类劣质油，如回收的食用油、反复使用的炸油等。地沟油最大来源于城市大型饭店下水道的隔油池。一旦食用"地沟油"，会破坏人体的白细胞和消化道黏膜，引起食物中毒，甚至致癌的严重后果。所以，"地沟油"是严禁用于食用油领域的。一些不法商贩

受利益驱动而不顾人民群众生命安全，私自生产加工"地沟油"作为食用油低价销售给一些小餐馆，给人们的身心健康带来极大伤害。

2012年，全国首例特大地沟油案件揭开惊天秘密：在持续长达一年半的时间里，某健康公司采购1.45亿元地沟油用于生产7-ACA，而这批产品作为抗生素的中间体，已广泛流向医药市场。

三聚氰胺 俗称密胺、蛋白精，是一种三嗪类含氮杂环有机化合物，被用作化工原料。它是白色单斜晶体，几乎无味，对身体有害，不可用于食品加工或食品添加物。

2008年9月，中国爆发婴幼儿奶粉受污染事件，其原因是某集团为了增加牛奶中的蛋白质含量而添加了俗称蛋白精的三聚氰胺，导致食用了该集团生产的奶粉的婴幼儿产生肾结石病症。国家质检总局紧急检测并公布了全国婴幼儿奶粉三聚氰胺含量抽检结果，发现22个厂家69批次产品中均含有三聚氰胺，被要求立即下架，不良商人之丧心病狂的逐利行为令人痛心。

二、副食类一波又起

瘦肉精 瘦肉精是一类动物用药，将瘦肉精添加于饲料中，可以减少饲料使用，增加动物的瘦肉量，使肉品提早上市，从而降低成本。相关科学研究表明，食用含有"瘦肉精"的肉会对人体产生危害，常见有恶心、头晕、四肢无力、手颤等中毒症状，特别是对心脏病、高血压患者危害更大，长期食

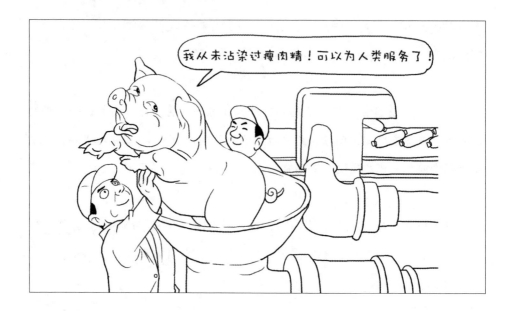

用则有可能导致染色体畸变，诱发恶性肿瘤。

　　2011年3月中国最大的肉类加工基地河南某集团火腿肠中被查出"瘦肉精"。3月16日中新网证券频道从该集团官网获悉，该集团日前就媒体广泛报道的"瘦肉精"猪肉事件做出回应，声明称河南某食品有限公司是该集团下属子公司，对此事给消费者带来的困扰，该集团深表歉意，并责令相关责任工厂停产自查。声明表示，该集团已要求下属所有工厂进一步加强采购、生产、销售各环节的质量控制，严格把关，确保产品质量，并将积极配合政府职能部门，开展对此次事件所涉及的各个环节的全面检查。声明还说，食品安全是一个系统工程，该集团将进一步强化对产业链上下游的控制力，确保食品安全。

　　牛肉膏　牛肉膏（Beef Extract）又称牛肉浸膏，是采用新鲜牛肉经过剔除脂肪、消化、过滤、浓缩而得到的一种棕黄色至棕褐色的膏状物，有牛肉自然香味，易溶于水，水溶液呈淡黄色，该产品广泛应用于生物制药发酵及各种培养基的制备。专家指出，若违规超量和长期食用"牛肉膏"，会对人体有危害，甚至可能致癌。

通常而言，一瓶500克牛肉膏可以腌制25千克左右的猪肉。以猪肉为例，假若当前新鲜猪肉的价格为11元/500克，牛肉的价格达到20元/500克，一次腌制25千克猪肉就可以节省接近500元。市场上熟牛肉的价格达到了35元/500克以上，即腌制25千克牛肉就可以省下超过1000元的成本。一些熟食店、面馆为牟利用牛肉膏将猪肉"变"牛肉。

2011年4月有报道称南京市场"牛肉膏"疯卖。最近，安徽工商部门查获一起用牛肉膏使猪肉变"牛肉"案件。在福州、广州等沿海城市的市场上，这种能让猪肉变牛肉的"牛肉膏"在很多食品超市都可买到。

孔雀石绿　孔雀石绿是有毒的三苯甲烷类化学物，既是染料，也是杀菌剂，可用作治理鱼类或鱼卵的寄生虫、真菌或细菌感染，对付水霉属真菌特别有效，也有运输商用作消毒，以延长鱼类在长途贩运中的存活时间。

孔雀石绿中的化学功能团三苯甲烷可致癌，很多国家已经禁用。虽然2002年5月国家农业部已将孔雀石绿列入《食品动物禁用的兽药及其化合物清单》。但在2005年8月，福建、江西及安徽等地出口的鳗鱼产品，仍被检出含有孔雀石绿，国家质检总局下令全面回收。数日后，中国香港地区发现多种淡水鱼也含有孔雀石绿，香港"食环署"呼吁市民停食桂花鱼。同年9月1日，香港在来自中国台湾地区的青斑海鱼样本中也验出孔雀石绿，台湾"渔业署"对事件表示"诧异"，并表示会做出针对性检验。

苏丹红　苏丹红是一种红色染料，作为溶剂多用于油、蜡、汽油增色以及鞋、地板等的增光。有关研究表明，苏丹红（一号）具有致癌性，我国和欧盟都禁止其用于食品生产。近年来，从各种洋快餐，到辣椒油、辣椒

酱，然后到各种方便食品，几乎都发现了"苏丹红"的成分。国内市场上还出现了用苏丹红添加饲料后让鸡鸭生下有毒的红心蛋。2008年11月，北京食品办检出6种咸鸭蛋含有苏丹红。

三、是谁惹的祸

近几年发生的"瘦肉精""皮革奶"以及过去的"吊白块""苏丹红""孔雀石绿""三聚氰胺"等食品安全事件，闻之无不让人胆寒，也让老百姓产生了一个普遍性的认识：食品添加剂有害！其实这些物质都不在食品添加剂之列，它们的名字是非法添加物。即便是"染色馒头事件"，也是由于我国对于馒头中能否应用食品添加剂尚无明确规定，所以在馒头中加入了染色剂和防腐剂。当然如果能保证产品的安全性，加这两种食品添加剂未尝不可，只是因为染色馒头的背后还有很多问题，例如过期馒头回收加工后再销售，用过期的白面馒头加入色素香精然后冒充玉米馒头……这才引起了人们的愤怒！

毫不夸张地说食品添加剂的出现大大促进了食品工业的发展，它给我们带来了诸多好处，比如它让食品保质期更长，让食物外观更加美丽，增加食物的风味、进食得更方便。就拿苯甲酸、山梨酸等防腐剂来说吧，如果食品中不添加这些防腐剂，许多食品在运输保存的过程中就可能生长许多有害微生物，其对人类健康的危害将远甚于防腐剂，而且食品的保质期将大大地缩短，这一切将意味着食品会大大的缺乏。

再比如说食品添加剂中的抗氧化剂，含油脂较多的食品在贮存过程中易被空气氧化，引起酸败、变质、变色，如我们家里的油脂或高油食物放久了容易变"哈喇味"，而抗氧化剂就能够有效地阻止或延缓食品的氧化进程。糖尿病人在饮食中需要控制甜食，而糖醇类甜味剂既能带来良好的甜味，又不会引起血糖值升高，所以特别适合于糖尿病患者、肥胖症患者，并且还具有防龋齿的功效……所以，我们的食品工业离不开添加剂，我们的生活也离不开添加剂！

四、添加剂争论背后的道德沦丧

财经评论家叶檀日前评论："从三聚氰胺到染色馒头，食品变成化学试验品震惊社会，社会的诚信底线摇摇欲坠。之所以出现有法不依、监管

失灵，表面上是从监管者到制造者缺乏最基本的责任心，实质上是呵护诚信的行为得不到基本鼓励，这是主要原因。"

吉林农业大学食品科学与工程学院教研室主任刘学军认为："目前中国食品生产加工单位约有44.8万家，单靠执法部门的监管似乎是杯水车薪，特别是很多小食品厂、小作坊以及销售过程中出现的小摊贩、游击队的状况，短期内很难改变。一个食品厂家，如果什么都敢往食品中添加，就等于谋财害命。我们绝对不能忽视企业主的道德问题，做食品的其实更应该有点良心。"

国务院前总理温家宝在同国务院参事和中央文史研究馆馆员座谈时说："我国改革开放30多年来，伴随着经济社会的发展和民主法制的推进，文化建设有了很大的进步。同时也必须清醒地看到，当前文化建设特别是道德文化建设，同经济发展相比仍然是一条短腿。举例来说，近年来相继发生'毒奶粉''瘦肉精''地沟油''染色馒头'等事件，这些恶性的食品安全事件足以表明，诚信的缺失、道德的滑坡已经到了何等严重的程度。一个国家，如果没有国民素质的提高和道德的约束，绝不可能成为一个真正强大的国家、一个受人尊敬的国家。"

第二章

专家推荐

——保证食品安全的15种方法

关于食品安全问题，一出又一出，起先大家还会在意，哦，这个不能吃，那个有毒，曝光得多了，报道得繁了，足以让人变得麻木，自己又无力改变什么，那就索性不闻不问，该吃吃，该喝喝，什么健康问题，统统抛之脑后。但这种＂鸵鸟＂政策要不得，最基本的安全常识我们还要了解。为此，向您推荐15种让食物在从市场流向餐桌的过程中变得安全的小窍门。

保证食品安全的15种方法

1. 搞清楚食品的来源

吃本地生产的食品变得越来越受欢迎，但这并不意味着它比超级市场里的产品更安全。营养专家说："仅仅因为你在马路边上的农场里种植了它，并不能让它变得比你获得的其他产品更安全或更有害。"就食品安全来说，本地种植的食物与你在超市中看到的产品具有同等的营养价值。当然，购买和吃当地食物还有其他一些原因。因为在农贸市场上，你可能有机会见到并与生产此食品的人交谈。

2. 绘制超级市场路线图

不要在超级市场的走廊中漫无目的地四处走动。你首先要挑选不易腐烂的食品，最后才是挑选新鲜或冷冻食品。这样做可使易腐烂食品在购物车上停留的时间最短。

3. 慎重选择

选择没有磕碰或损坏的新鲜产品。例如，检查鸡蛋有没有裂纹、寻找干净的肉摊或售鱼摊位，以及干净的色拉柜台。不要购买膨胀或凹陷的罐装品、破裂的瓶装品或瓶盖松动、膨胀的瓶装物。如果要购买新鲜切割产品，例如一半西瓜或袋装什锦色拉，你要选择那些冷冻的或被冰包围的食品。

4. 途中保存

在杂货店，盛着新鲜水果和蔬菜的袋子与肉、家禽和海产品分开。如果需要一个多小时才能将冷冻或易腐烂食品带回家中，要用冰箱盛放它们。如果没有冰箱，室外又很炎热，就把这些食品放在汽车中安装有空调的乘客区域，而不是将它们放在可能没有空调的行李箱中。

5. 保持厨房清洁

经常用肥皂温水清洗切肉板、厨房的工作台面、冰箱、水壶和其他器具，尤其是在它们与生肉、家禽和海产品接触后更应如此。

6. 检查切肉板

看它的表面是否有大量裂痕和裂缝，这些地方都是细菌藏身的场所。

7. 消毒

营养专家建议要定期对切肉板、厨房工作台面和厨房水槽排水管等进行消毒。海绵和抹布是细菌的孳生地，因此，每周要用热水清洗它们。

8. 适当储存食品

尽快冰冻需冷冻和易腐烂食品。不要靠近普通化学品或清洁产品储放食品。洋葱和马铃薯不需要放进冰箱中，也不能将它们放在水槽下面，以免被渗漏管损坏。

9. 检查冰箱或冰柜的温度

将冰箱的温度设置在4℃，冰柜的温度设置在-18℃以下。使用冰箱温度计定期检查冰箱和冰柜的温度。

10.洗手

在加工食品之前，你要用肥皂和温水洗手至少20秒钟。在处理肉、家禽、海产品或鸡蛋后也要洗手。

11.用流动的水清洗水果和蔬菜

清洗水果和蔬菜时，一把小板刷可能会有所帮助，但是绝对不能用香皂或其他清洁剂清洗这些食物。那么用水果蔬菜清洗剂清洗效果会如何呢？专家说："研究显示，所有这些清洗方法都会被应用到，但是用清水清洗与它们的效果一样好。"专家认为，水是清洗水果和蔬菜最有效、最安全和最便宜的方法。

12.不要在厨房工作台面上解冻食品，要在冰箱中解冻它们

这样做可能会花费更长时间，但是更安全。

13.彻底烹制食品

利用肉类温度计确定肉食是否完全做熟了，不要将做好的肉食放在没有清洗或盛放过生肉的盘子里。

14.安全储存剩饭菜

尽快用密闭容器冷冻剩饭菜，并要在3天内吃掉它们。如果怀疑这些食品变质了，就扔掉它。

15.掌握最新信息，自己有主见

世上不存在零风险的事情，消过毒的产品也不例外。因此，食品在从众所周知的农场成为盘中物的过程中的安全知识应该得到普遍推广，虽然你不能控制所有影响食品的因素，但是你不应该丧失对事实的判断力。

第三章

在外就餐的15个注意事项

◆ 选择合适餐馆三要素

◆ 饮食卫生与安全的四个环节

◆ 剩余食品打包的三个常识

◆ 五类用餐形式的不同特点

一、选择合适餐馆三要素

消费者在外选择餐馆就餐时，除了关注美味的饭菜、幽雅的环境以及良好的服务等因素外，还应注重选择安全放心的餐馆就餐。

1. 选择有许可证的餐饮服务单位

《食品安全法》已于2009年6月1日正式实施。根据该法规定，餐饮服务单位在取得《餐饮服务许可证》后方可从事餐饮服务经营活动，且须在经营场所亮证经营。餐饮服务单位经营的范围应符合许可证核定的项目。《食品安全法》实施前已经取得《食品卫生许可证》的，该许可证在有效期内有效。

消费者到餐馆用餐，首先要看餐馆吧台或其他显著位置有无悬挂餐饮服务许可证（或卫生许可证）；如没有取得许可证，则属于违规经营。另外，还要注意餐饮服务许可证（或卫生许可证）上的许可备注内容，如是否注有"凉菜""生食海产品"等。因为"凉菜""生食海产品"等属于高风险食品，较易引起食物中毒，经营"凉菜""生食海产品"等，必须具备特定的加工操作条件，并在许可证备注栏目中予以注明。

2. 选择信誉等级较高的餐饮单位

自2002年起，我国在各地陆续实施餐饮单位食品卫生监督量化分级管理制度。监管部门根据餐馆的基础设施和食品安全状况，评定A、B、C、D四个信誉度等级，四个级别相对应的食品安全信誉度依次递减，风险等级依次增加。

挂"A级食品卫生单位"标牌的为食品安全信誉度最高、风险度最低、安全条件最好的单位；挂B级牌的是食品安全状况较为放心的单位；挂C级牌的餐馆为食品安全状况一般的单位，也是餐饮服务监管机构强化监管的单位。建议消费者尽量到风险性较低、食品安全信誉度较高的餐馆就餐。

为了以简洁方便的方式向社会公布餐饮服务单位的食品安全监督信息，部分省市陆续推行餐饮服务单位监督公示制度。监管部门在餐饮服务单位经营场所醒目位置设置公示标识（笑脸、平脸、哭脸），向消费者动态公布监督检查结果，以便消费者在知情的前提下做出消费选择。消费者应尽量到"笑脸"或"平脸"的餐馆就餐。

3. 观察是否超负荷运营

消费者选择餐馆，尽量不光顾客流量陡增的饭店，因为突然集中增大的供应量，可能导致餐馆超负荷加工，给食品安全埋下隐患。

二、饮食卫生与安全的四个环节

1. 就餐前应洗手

人的双手每天接触各种各样的东西，会沾染很多细菌、病毒和寄生虫卵，因此要养成就餐前（或吃东西前）洗手的习惯，这样能降低"病从口入"的风险。正确的洗手方式如下。

第一步：以流动的自来水把手弄湿。

第二步：涂上洗手液（或肥皂），双手互相搓擦至少20秒，掌心对掌心搓擦，手指交错掌心对手背搓擦，手指交错掌心对掌心搓擦，两手互握互搓指背，拇指在掌中转动搓擦，指尖在掌心中搓擦。应擦出足够的泡沫，确保手掌、手背、拇指四周、指甲边及指间清洁。

第三步：彻底冲洗双手。

第四步：用抹手纸抹干双手或用烘手机烘干双手。

2.就餐前应注意餐具卫生

就餐前要注意观察餐具是否经过消毒处理，经过清洗消毒的餐具具有光、洁、干、涩的特点；未经清洗消毒的餐具往往有茶渍、油污及食物残渣等。现在餐桌上出现一些塑膜包装的套装小餐具，这些餐具都是由集中清洗消毒单位清洗消毒的，套装消毒餐具包装膜上应标明餐具清洗消毒单位名称、详细地址、电话、消毒日期、保质期等内容。

3.辨别食物状况

用餐时应注意分辨食物是否变质，是否有异物和异味。

颜色异常鲜艳的食物，有可能是违法添加了非食用物质或超量、超范围使用了食品添加剂。

不吃违禁食品，少吃或不吃生食海产品。

4.其他注意事项

倡导文明、健康用餐，大力提倡使用公筷或实行分餐制。

夏秋季节避免过多食用凉拌菜等易受病原菌污染的高风险食物。

对某种食物过敏的，应避免食用此类食物。

胃肠道功能欠佳的，应避免食用冷饮、海鲜、辛辣、高蛋白等刺激胃肠道或不易消化的食品。

不暴饮暴食。

三、剩余食品打包的三个常识

1. 不宜打包的食品

蔬菜不宜打包，因为蔬菜富含维生素，而维生素反复加热后会迅速流失。另外，蔬菜中的硝酸盐反复加热后，会生成含量较高的亚硝酸盐，对身体造成伤害。凉菜、色拉等不宜打包，因为凉菜在制作过程中没经过加热，很容易染上细菌；同时凉菜也不宜重新加热。

因此，蔬菜和凉菜最好当餐吃完，如有剩余，也不宜打包再食用。打包的菜肴最好是适合重新加热的。

2. 剩菜保存方法

剩菜的存放时间以不隔餐为宜，早上剩的菜中午吃，中午剩的菜晚上吃，最好能在6小时内吃掉。因为在一般情况下，通过100℃的高温加热，一定时间内可以杀灭大部分致病菌。如果食品存放的时间过长，食品中的细菌在繁殖的过程中会释放出大量的毒素，加热不能完全破坏和降解这些毒素。

剩菜最好按类别分开储存，因为在不同食品中，微生物的生长速度不同，分开储存有利于避免食品交叉污染。温度较高的食品需放凉后再放入冰箱，因为热的食品突然进入低温环境后，产生的冷凝水易污染食品。

海鲜富含蛋白质，最受各种细菌欢迎，不易久放。打包回家的富含淀粉的食品，如年糕等，容易被细菌寄生，而有些细菌的毒素在高温加热下也不容易被杀死和分解。

3.剩菜加热方法

冰箱中存放的食品取出后要回锅加热或用微波炉加热，加热时要使食品的中心温度至少达到70℃。这是因为冰箱的温度只能抑制细菌繁殖，不能杀灭它们。如果食用前没有充分加热，食用后易发生细菌感染，引起腹泻等。在加热以前可以通过感官判断一下食品是否变质，如果感觉有异常，千万不要再食用。

海鲜更容易滋生细菌，所以必须加热后食用。但若加热时间过长，所含的优质蛋白质、脂肪和丰富的维生素也会损失较大。因此，打包的海鲜类食品加热时间控制在4～5分钟比较合适。加热过程中，还可以加些酒、姜、大蒜等佐料，以起到杀菌作用。

肉类食品打包回去后再次加热，最好是加上一些醋。因为这类食品都含有比较丰富的矿物质，矿物质加热后，会随着水分一同溢出。加热的时候加上一些醋，矿物质遇上了醋酸就会形成结合物，被固定下来，有利于身体的吸收和利用。

四、五类用餐形式的不同特点

1.火锅

在秋冬季节，不论在家或出外，热腾腾的火锅自然是广大消费者喜欢的就餐形式。火锅的原料五花八门，其中以海鲜、禽肉、牛羊肉最受欢迎。但是，火锅原料若未经妥善处理和彻底煮

熟而贸然吃下，各种致病原便会潜入体内，引发疾病。故此，消费者无论在火锅店或在家中选吃火锅，应注意食品安全，以保障身体健康。进食火锅食品时应注意。

(1)火锅底火务必要旺，以保持锅内汤汁滚沸为佳。菜料食物若未煮熟即吃，病菌和寄生虫卵未被彻底杀死，易引发疾病。

(2)贝类应选择鲜活的，洗擦干净贝类的外壳，浸泡在清水中至少半天以上，待其自行清滤出体内的污物。死的贝类含大量致病微生物，不能食用。

(3)生熟食物要分开盛放，使用两套筷子、用具和餐具分别来处理生和熟的食物。避免在桌上摆放过多食物，防止交叉污染。

(4)每次添水或汤汁后，应待锅内汤汁再次煮沸后方可继续煮食。

(5)食用时食品不易滚烫，口腔、食管和胃黏膜通常只能耐受50～60℃的温度,太烫的食物会损伤黏膜，导致急性食管炎和急性胃炎。从锅中取出滚烫的涮食时，最好先放在小碟中晾凉。

(6)吃火锅不要冷热搭配，冷饮和热食交互食用，容易使胃肠道受损；患有高血压、心血管疾病者，则要注意热汤和酒类，这些饮品容易让身体温暖，但一旦接触到冷空气后，血管易急剧收缩，而且喝酒一段时间后身体温度反而会降低，导致感冒。

(7)不要喝或尽量少喝火锅汤，火锅汤进入肠胃消化分解后，经肝代谢生成尿酸，过多的尿酸沉积在血液和组织中，易引发痛风。吃火锅时应多饮水，有利于尿酸的排出。

(8)注意均衡饮食，不要过量进食胆固醇含量较高的动物内脏。

(9)用明火烹煮火锅时，会产生大量二氧化碳，注意确保空气流通；若用炭炉烧火锅，一定要打开窗户，让空气流通，否则室内缺氧、木炭燃烧不透时，会产生大量的一氧化碳，容易使人中毒。

2.烧烤

烧烤食品近年来火爆，深受年轻消费者喜爱。但烧烤食品含较多致癌物质，尤其是烤焦的部位，建议消费者尽量少吃或不吃。烧烤食品主要存在以下危害。

(1)烧烤中产生的苯并芘对健康有害。特别是街头烧烤食品由于设施简陋，易使烘烤温度过高、烘烤时间过长等，从而导致苯并芘含量较高。

(2)烧烤肉类易产生亚硝胺类物质。用来烤制的肉类在烤制前一般要经过腌制，如果腌制时间过长、储存不当等加工烹调过程不符合食品安全要求，易产生亚硝酸盐，并与肉中蛋白质分解所产生的胺类发生化学反应，会产生具有致癌性的亚硝胺类物质。

(3)烧烤用具存在安全隐患。穿刺用的竹棍或铁条大多未经消毒，且反复使用，容易污染病毒和细菌，有些小摊位用含铅高的旧自行车条穿制肉串

等，经过烤制后，穿条中的铅可渗透到食物内，导致慢性铅中毒。

(4)烧烤环境危害健康。烧烤场所呛人的烟气含有多种有害物质，如一氧化碳、硫氧化物、氮氧化物、颗粒物、苯并芘、二恶英等，在这样的环境中就餐容易增加患病风险。

食用烧烤食品时应注意以下几点。

(1)生、熟食物器具要分开。烧烤时生、熟食物所用的碗、盘、筷子等器具要分开，否则容易导致生熟食物的交叉污染而吃坏肚子。因此，最好事先准备好两套餐具，以避免熟食受到污染。摆放生食时要注意和快烤熟的食品保持一定距离，防止污染熟食。

(2)烧烤要充分。有些食物不易烤熟，例如鸡翅内部，最好将其切开后再进行烧烤；肉类摆放时尽量放在炉子的中部，烤的过程中要经常改变肉的位置，勤于翻动，以保证整块肉同时被烤熟。

(3)烧烤时尽量避免食品直接接触火焰。在烤肉的时候，滴下的油脂遇火会产生致癌物质苯并芘，并附着在肉类的表面，此时应及时移开烤肉。烤焦的食品对人体有危害，不要食用。

(4)燃料应充分燃烧。加炭时要注意应等到木炭完全燃烧后再烧烤，因为炭在没有完全燃烧时易产生有害气体，不利于健康。

3.自助餐

自助餐用餐，可根据自己的喜好，各取所需，随到随吃。由于餐前准

备较为充分，并且可以同时接待众多客人用餐，是一种省时、方便的用餐形式。但自助餐与一般餐饮饭菜相比，具有更高的食品安全风险。比如自助餐的生鱼片、凉拌菜等往往会在室温下放置较长时间，而且是直接暴露在空气中，容易滋生细菌。另外，自助餐不是现炒现吃，往往是一批次加工制作出大量热菜供顾客选用，故存在较大食品安全隐患。

吃自助餐应注意以下几点。

(1) 不要因吃自助餐而刻意长时间饿肚子，饿过头反而吃不下，而且易伤胃，可以在前一餐吃些面条等容易消化的食物。

(2) 吃自助餐时先吃少量主食，再吃海鲜和肉类，这样有利于消化，不伤肠胃，最后吃甜食。饮料少喝，可以用水果代替。

(3) 采用低热量荤食与果蔬相间的吃法，对于爱美女性来说是不错的选择。因为这种搭配方式不太容易长胖而且比较养生、健康；对于本身体质寒凉的人群而言，如果吃了适量的刺参、贝类以后，不要再喝冷饮，否则太过寒凉很容易造成胃部不适，导致腹泻，建议喝些温汤或热饮暖胃。

4. 食堂

集体食堂具有就餐人群、就餐时间、就餐地点集中等特点，且食堂饭菜一般为"大锅菜"，炒菜量较大，炒制时间短，容易造成部分菜肴未能烧熟煮透，或烧熟后存放时间过长，个别食堂甚至有供应隔顿（隔夜）饭菜且不彻底回烧的现象。

消费者在食堂就餐要注意以下几点。

(1) 食用四季豆、扁豆、豇豆、刀豆等豆荚类食品，要注意是否烧熟煮透。因为豆荚类食品没有彻底烧熟煮透时，其含有的皂素、红细胞凝集素等有毒物质不能被完全破坏，摄入人体后会引起食物中毒。如果食用这类食品，尽量选择色泽较暗、明显烧熟的。

(2) 食用鲐鱼等青皮红肉鱼，要注意其是否新鲜。海产鱼类中的青皮红肉鱼，如鲐鱼、金枪鱼、沙丁鱼、秋刀鱼等鱼体中含有较多的组氨酸。集体食堂往往提前大量进货，且储存条件大多达不到冷藏要求，当鱼体不新鲜或腐败时，组氨酸就会分解形成组胺。组胺一旦形成，一般的烹调烧煮难以将其破坏，因此较易引起食物中毒。如果食用这类食品，尽量选择新鲜度较高的。

5. 盒饭

盒饭由于其食用方便、价格低廉的优点，拥有很大的市场消费量。但由于盒饭从加工、分装到食用，时间较长，食品安全风险非常高。消费者食用盒饭要注意以下几点。

(1) 不食用无资质单位生产的盒饭。无资质单位生产的盒饭，卫生条件往往很差，食品原料安全性不能保证，加工过程不规范，极易引发食物中毒。消费者切忌为了贪图方便和便宜食用无资质单位生产的盒饭。

(2) 不食用含有凉拌菜、熟食、生食水产品等品种的盒饭。因为这些菜肴

极易受病菌污染，从而降低盒饭的安全性。

(3) 冷藏的盒饭其包装盒上应标有加工时间和保质期限，不食用过期盒饭。食用前应重新加热，使其中心温度超过70℃。若是采用微波炉加热的，应注意盒饭是否标有可以微波炉加热的标记或说明。

第四章

居家饮食的19个注意事项

◆ 家庭自办宴席的七条军规
◆ 家庭自行加工食品应注意的五个问题
◆ 使用冰箱要牢记的七个法则

一、家庭自办宴席的七条军规

　　家庭自办宴席一般存在食品加工场所狭小，设施简陋，容器、用具生熟不分、清洗消毒不彻底，操作人员食品安全意识不高，熟食凉菜制作、储存不当，隔顿、隔夜加热不够彻底等问题，再加上家庭自办宴席冷藏条件不达标，致病菌易于生长繁殖，使得家庭自办宴席极易发生食物中毒。

　　鉴于家庭自办宴席存在较大的食品安全风险，建议广大居民尽量选择具有资质的餐饮单位举办宴席。确实要自办宴席的应注意以下几点。

　　（1）食品加工场地要与加工的品种和数量相适应，并保持整洁、卫生。

　　（2）餐具和接触熟食的用具、容器在使用前须严格清洗消毒，最好是煮沸或蒸煮消毒，消毒时煮沸或蒸气应保持10分钟。使用化学方式消毒的，应达到消毒剂说明书中规定的浓度和时间，消毒后要妥善保管，防止污染。

　　（3）应在冷藏条件下储存容易变质的食品原料和熟食。配备足够一餐使用的餐具，避免因餐具数量不足而使用未经清洗消毒的餐具。

　　（4）食物须烧熟煮透，饭菜应尽量做到当餐加工、当餐食用，不能当餐

用完的应及时冷藏，并在下一餐食用前回锅彻底加热。

（5）烹调操作时，刀、砧板等工具及装食品的容器要生熟分开，避免交叉污染；同一场所或设施（如冰箱）同时存放生、熟食时，应按"熟上生下"的方式存放，以免熟食受到污染。

（6）加工操作人员应身体健康，近2周内无腹痛、腹泻、呕吐、发热、咳嗽等症状或化脓性皮肤病等。

（7）购买包装食品时要注意查看食品的保质期；瓶装的饮料和塑料真空包装的各类小食品一旦打开包装，最好一次食用完；打开后如未食用，应冷藏储存。

二、家庭自行加工食品应注意的五个问题

消费者在家中自行加工食品，要注意从食品采购、贮存、烹煮、清洁等各个环节防范食品安全风险，积极预防食物中毒的发生。

1. 购买

（1）应在信誉良好的店铺购买食物，索取并保留相关购物单据；不要从无证摊贩处购买食物，也不要购买来源可疑的食物，如售价过低的食物，或感官异常的食物。

（2）要选购新鲜、安全的食物。蔬果无破损或表面无碰伤，不要挑选有

农药味的、腐烂的蔬菜和表皮破损的水果。一般情况下不要购买已剥皮或切开的水果。

（3）要注意灌装食物的罐体有无膨胀或凹陷；瓶装食物的瓶体有无裂缝或瓶盖是否松动；包装盒内的蛋类有无裂缝或渗漏。

（4）要选购正确方式储存的食物，特别是即食、熟食或易腐败食物。如寿司一般贮存在5℃或以下，冷冻食品一般贮存在−18℃以下。

（5）购买散装食品时，要进行色、香、味感官检查，不买已变质或可疑食品。

（6）选购预包装食品应查验标签内是否齐全，如品名、产地、厂名、生产日期、批号或者代号、规格、配方、主要成分、保质期限、食用或者使用方法等，并依从标签指示进行保存、加工和食用。不要选购已过保质期的食物。

（7）注意生熟分开。选购食品时，应先选购预包装食品和灌装食物，后选购生的肉类、家禽和海产。在购物手推车和购物袋内，生的肉类、家禽、海产应与其他食物分开摆放，避免污染其他食品。

2. 贮存

（1）确保食物处于安全温度。在两小时内把熟食及易腐坏的食物放进冰箱。用温度计测量冰箱内的温度，确保冷藏格的温度保持在5℃或以下，冷冻格的温度保持在−18℃或以下。

（2）生熟分开。在冰箱内，以有盖的容器贮存食物，避免生食与即食或已经煮熟的食物接触；把即食或已经煮熟的食物放在上层，生的肉类、家禽及水产品放在下层，以免生食的汁液滴在即食或已经煮熟的食物上。

（3）食品存放时间不宜过久。冰箱不是"保险箱"，放入冰箱的食品不易过满，食品之间要留一定空隙，以便冷气对流；定期除霜，确保冷藏温度。

3. 配制

（1）配制食物时要保持个人卫生、清洁双手。处理食物前、处理生的肉类及家禽后和进食前都要洗净双手；特别是配制食物期间也要勤洗手；另外，打喷嚏、处理垃圾、如厕、与宠物玩耍和吸烟之后也应洗净双手。

（2）在每次使用工具和工作台后，使用干净的布或刷子（不建议使用海绵）用热水和清洁剂清洗，清除食物残渣和油脂。

（3）保持厨房清洁，防止厨房受到虫鼠及其他动物滋扰。盖好食物或把食物放在密闭的容器内；盖好垃圾桶，并及时清倒垃圾。

（4）保持厨房状况良好。例如修补墙身的裂缝或缺口；使用毒饵或杀虫剂消灭虫鼠，要慎防污染食物；防止宠物进入厨房。

（5）新鲜水果蔬菜食用前应仔细用水冲洗。为了减少脏物、农药残留，可去除蔬菜或水果的外皮；带叶蔬菜最外层的叶片应摘除，水果和瓜果类蔬菜可用洗涤剂擦洗；根茎类和瓜果类蔬菜，如胡萝卜、土豆、番茄、莴笋、冬瓜、西葫芦等，去皮后应再用清水清洗，水果也应洗净后剥皮再吃；有些蔬菜，如芹菜、花菜、菠菜、刀豆等洗净后最好先用开水烫一下，再进行烹制。

（6）猪肉不宜长时间用水浸泡。有人认为猪肉表面很脏，常常放在水中，甚至放在热水中浸泡、冲洗，这是不正确的。猪肉的肌肉组织和脂肪组织里，含有大量的肌溶蛋白和肌凝蛋白。把猪肉长时间置于水中浸泡，肌溶蛋白溶于水很容易就被排出，在肌溶蛋白里含有酸肌和谷酸肌，还含有谷氨酸、谷氨酸钠盐等香味成分，这些化学物质被浸泡出猪肉后，猪肉的味道会受到影响，营养价值也会降低。

4. 烧煮食物

（1）冷冻食物要先解冻后烧煮。可采用自然解冻，放在冰箱冷藏格内让其缓慢解冻，也可在微波炉内快速解冻。

（2）应彻底煮熟或翻热食物至滚烫。肉类和家禽的肉汁必须清澈，不应呈红色，切开已煮熟的肉时不应有血丝；蛋黄已经凝固；汤羹及焖炖类食物煮沸并至少维持1分钟。

（3）如使用微波炉煮食，应盖好食物，并在烹煮期间取出食物搅动或翻动数次，确保食物彻底煮熟。

（4）应正确烹制肉类。肉类有轻度异味或发生变质后不能再食用，因为有些致病菌产生的毒素是耐高温的，加热后也不能被破坏。家禽和水产品以选购鲜活的为好，其贮存和烹制方法与肉类食品相仿。

5.剩余食物的存放和处理

（1）食物煮熟后应及时进食，切勿让煮熟的食物置于室温超过2个小时。

（2）尽量把剩余的食物冷却，并在2小时内放进冰箱。可以用下列方法迅速冷却剩余食物：把大块的肉切成小片；用清洁的器皿盛放剩余的食物。

（3）煮熟的食物如没有及时进食，在食用前应热存于60℃以上或再次加热。

（4）剩余的食物保存在冰箱冷藏柜中不应超过3天。

（5）进食剩余的隔顿或隔夜食物前，应彻底加热至滚烫，且不应多次加热。

（6）改刀熟食应及时食用，未经改刀的剩

余熟食要冷藏，再次食用前要彻底加热处理。

三、使用冰箱要牢记的七个法则

相当一部分的年轻宅男宅女喜欢隔一段时间去超市买食物，然后放在冰箱里囤积起来。健忘的他们，通常又忘记食物保存的期限，在冰箱放了很久的东西也照吃不误。你知道吗，如果不定期处理冰箱长期存放的食物并食用过期的食物，就很有可能出现恶心、呕吐、腹泻等"冰箱食物中毒"的症状。一般情况下，冷藏室，肉和牛奶存放期为3天左右；剩饭剩菜最好在当天食用完，一般不超过2天；新鲜蔬菜可存放1周时间。

当然不同的食物具有不同的存放期。众所周知，香蕉放入冰箱隔段时间外皮会开始变黑，味道吃起来像是没熟。放进冰箱的香蕉到底是加速老化还是起到保鲜作用呢？专家为我们解答了这个问题。

1.浆果类水果怕冷

芒果、柿子、香蕉等浆果类或热带水果大部分比较怕冷，最好不要放进冰箱。所谓浆果类水果，就是那些能够剥皮、果肉呈酱状的水果。浆果类水果在低温条件下会被冻伤，冻伤的水果不仅营养成分遭到破坏，香味会减退，还很容易变质。比如香蕉放在12℃以下容易发黑腐烂；还有鲜荔枝也不宜冷藏温度过低，0℃的环境中放置1天，果皮会变黑、果肉会变味；像橙子、柠檬、橘子等柑橘类的水果，在低温情况下，表皮的油脂很容易渗进果肉，果肉就容易发苦，所以也不适宜放冰箱。柑橘类水果最好放置在15℃左右的室温下储藏；像草莓、杨梅、桑椹等即食类浆果，放入冰箱不仅会影响口味，也容易霉变；苹果、西瓜则可以短期暂住冰箱，延长保质期。

2. 这些食品不宜久存

西红柿　西红柿长期冷藏后，肉质呈水泡状，显得软烂，或出现散裂现象，表面有黑斑，煮不熟，无鲜味，严重的则腐烂。

黄瓜、青椒　黄瓜、青椒在冰箱中久存，会出现"冻"伤——变黑、变软、变味。黄瓜还会长毛发黏，因为冰箱里存放的温度一般为4～6℃，而黄瓜贮存适宜温度为10～12℃，青椒为7～8℃，故不宜久存。

火腿　火腿由于有水分，低温贮存时会结冰，脂肪析出，腿肉结块或松散，肉质变味，取出后极易腐败。

巧克力　巧克力在冰箱中冷存后，一旦取出，在室温条件下会在其表面结出一层白霜，极易发霉变质，失去原味。

面包等淀粉食物　面包随着放置时间的延长，面包中的支链淀粉的直链部分慢慢缔合，而使柔软的面包逐渐老化变硬，在低温时（冷冻点以上）会加快老化过程，因而也不宜放入冰箱中。

3. 肉类放在冷冻室

每次过年后，总会存下不少多余的肉类，这时候冰箱的冷冻室就开始排满工作量了。专家说，肉类应放在温度约-18℃冷冻室内，存放期约3个月。最好是分割成小块后再放入，用多少取多少，不要反复解冻、再冰冻，否则脱水过多、污染加重，使肉质变差。

4. 叶类蔬菜趁新鲜吃

冰箱里的叶类蔬菜应在24小时内吃掉。叶类蔬菜因含有亚硝酸，易被细菌还原成亚硝酸盐，所以叶类蔬菜最好不要放置过久。炒熟的剩菜如果要存放，应将其放凉后再放入冰箱。绿茶最好包装严密后存放于冰箱冷冻室中，可延缓茶碱等物质降解。

5. 化妆品和部分药品喜欢"冷"，化妆品常驻冰箱

夏天气温高，有些爱美的女性喜欢把化妆品放在冰箱里冷藏，涂在脸上也凉凉的很舒服。过低的温度对化妆品有好处吗？反复拿出来使用，温差的变化是否会让其变质？专家分析，厂家在进行化妆品调配时，都是在正常的室温下进行的，所以化妆品一般放在常温下即可。化妆水、乳液、面膜及含动物油脂、高蛋白的保养品放入冰箱冷藏室里，可以延长保存时间。不过保养品一旦经过冷藏之后，就必须永远"住"在冰箱里，否则经过冷藏的保养品，放回到室温，很容易变质。

6. 冰箱药要牢记

你知道什么是"冰箱药"吗？比如胰岛素、促红素、菌苗、疫苗、免

疫血清、血液制品等。生物制剂、胰岛素等药物一般需要保存在2～8℃的冷环境中，基本上一年四季都需要放在冰箱内。煎好的中药也可以放冰箱保存。

7.教你正确使用冰箱

分类方法很重要。冰箱分为冷藏、保鲜、冷冻3层，冷冻室内温度

为-6～-18℃或者-18～-26℃，用来存放新鲜的或已冻结的肉类、鱼类、家禽类，也可存放已烹调好的食品，存放期约3个月。冷藏室温度为2～10℃，可冷藏生熟食品，存放期限约1星期，水果、蔬菜应存放在果菜盒内（8℃），并用保鲜纸包装好。保鲜室的温度为0～4℃，可存放鲜肉、鱼、贝类、乳制品等食品，既能保鲜又不会冻结，可随时取用，存放期为3天左右。另外冰箱保鲜室还可以作为冷冻食品的解冻室。

具体窍门如下：

（1）热的食物绝对不能放入运转着的电冰箱内。

（2）存放食物不宜过满、过紧，要留有空隙，以利冷空气对流。

（3）食物不可生熟混放在一起，应熟在上，生在下，以保持卫生。为防止生熟交叉及食物"串味"，应用保鲜袋或保鲜纸将食物包密实后再放入

冰箱。

（4）有些果蔬同放易催化成熟过程。苹果、杏仁、红椒、桃子、哈密瓜、西红柿等，同其他蔬果放在一起时，会释放乙烯气体，让后者快速成熟、变质，使十字花科蔬菜及绿色叶菜很快变黄变烂。

（5）水果要把外表面水分擦干，放入冰箱内最下面，以零上温度贮藏为宜。蔬菜寄生虫等污染较大，应将其用袋子包装后再放入冰箱冷藏室。

（6）鲜鱼、肉等食品不可以不做处理就放进冰箱。存放这类食品时最好根据每次食用的分量用保鲜袋分开包装，在取食的时候只取出一次食用的量，既省电，也减少反复解冻、速冻对食物产生破坏。

（7）瓶装液体饮料不能放进冷冻室内，以免冻裂包装瓶。

（8）冰箱要经常清理和抹洗，保持冰箱内环境的干净整洁，减少致病菌污染。

（9）冷冻室要注意除霜，以保持制冷效果和省电。

一、食物中毒的基本概念

1.什么是食物中毒

食物中毒，是指食用了被有毒有害物质污染的食品或者食用了含有毒有害物质的食品后出现的急性、亚急性疾病。

2.常见的食物中毒有哪些

细菌性食物中毒：是指人们食用被细菌或细菌毒素污染的食品而引起的食物中毒。常见的有沙门氏菌食物中毒、金黄色葡萄球菌肠毒素食物中毒、副溶血弧菌食物中毒等。

化学性食物中毒：是指人们食用被有毒有害化学品污染的食品而引起的食物中毒。常见的有"瘦肉精"食物中毒、有机磷农药食物中毒、亚硝酸盐食物中毒、桐油食物中毒等。

有毒动植物中毒：是指人们食用了一些含有某种有毒成分的动植物而引起的食物中毒。常见的有河豚鱼中毒、高组胺鱼类中毒、四季豆中毒、豆浆中毒、发芽马铃薯中毒、毒蘑菇中毒等。

3. 食物中毒有什么特征

一般发病突然，发病人数多且较集中，少则几人、几十人，多则数百人、上千人。潜伏期，根据中毒种类的不同可从数分钟到数小时，大多数食物中毒的病人一般在进食后2~24小时发病。通常化学性食物中毒潜伏期较短，细菌性食物中毒潜伏期较长。

病人的症状表现类似，大多数细菌性食物中毒的病人都有恶心、呕吐、腹痛、腹泻等急性胃肠道症状，但根据进食有毒物质的多少及中毒者的体质强弱，症状的轻重会有所不同。

人与人之间无传染性。

中毒患者有共同的就餐史，病人往往均进食了同一种有毒食品而发病，未进食者不发病。

细菌性食物中毒季节性较明显，5~10月份气温较高，适宜细菌生长繁殖，是细菌性食物中毒的高发时期。大部分的化学性食物中毒和动植物性食物中毒季节性不明显。

二、预防细菌性食物中毒的三个要素

针对上述常见的中毒原因，应从以下3方面采取措施预防细菌性食物中毒：首先是防止食品受到细菌污染，其次是控制细菌生长繁殖，最后也是最重要的是杀灭病原菌。具体的措施如下。

1. 防止食品受到细菌污染

（1）保持与食品接触的砧板、刀具、操作台等表面清洁。保持手的清洁，不仅在操作前及受到污染后要洗手，在加工食物期间也要经常洗手。避免老鼠、蟑螂等有害动物进入库房、厨房及接近食物。

特别提示：熟食操作区域以及接触熟食品的所有工用具、容器、餐具等除应清洗外，还必须进行严格的消毒。

（2）生熟分开。处理凉菜要使用消毒后的刀和砧板。生熟食品的容器、工用具要严格分开摆放和使用。从事粗加工或接触生食品后，应洗手消毒后才能从事凉菜切配。

特别提示：生熟食品工用具、容器分开十分重要，熟食品工用具、容器应经严格消毒，存放场所与生食品应分开。

（3）使用洁净的水和安全的食品原料。熟食品的加工处理要使用洁净的水。选择来源正规、优质新鲜的食品原料。生食的水果和蔬菜要彻底清洗。

特别提示：操作过程复杂的改刀熟食、凉拌或生拌菜、预制色拉、生食海产品等都是高风险食品，要严格按食品安全要求加工操作，并尽量缩短加工至食用的存放时间。

2.控制细菌生长繁殖

（1）控制温度。菜肴烹饪后至食用前的时间预计超过2小时的，应使其在5℃以下或60℃以上条件下存放。鲜肉、禽类、鱼类和乳品冷藏温度应低于5℃。冷冻食品不宜在室温条件下进行化冻，保证安全的做法是在5℃以下温度解冻，或在21℃以下的流动水中解冻。

特别提示：快速冷却能使食品尽快通过有利于微生物繁殖的温度范围。冰箱内的环境温度至少应比食品要达到的中心温度低1℃。食品不应用冰箱进行冷却，有效的冷却方法是将食品分成小块并使用冰浴。

（2）控制时间。不要过早加工食品，食品制作完成到食用最好控制在2小时以内。熟食不应隔餐供应，改刀后的熟食应在4小时内食用。生食海产品加工好至食用的间隔时间不应超过1小时。冰箱中的生鲜原料、半成品等，储存时间不要太长，使用时要注意先进先出。

特别提示：生鲜原料、半成品（如上浆的肉片）可以在容器上贴上时间标签以控制在一定时间内使用。

3. 杀灭病原菌

（1）烧熟煮透。烹调食品时，必须使食品中心温度超过70℃。在10~60℃条件下存放超过2小时的菜肴，食用前要彻底加热至中心温度达到70℃以上。已变质的食品中可能含有耐热（加热也不能破坏）的细菌，不得再加热食用。冷冻食品原料宜彻底解冻后再加热，避免产生外熟内生的现象。

特别提示：肉的中心部位不再呈粉红色，肉汤的汁水烧至变清是辨别肉类烧熟煮透的简易方法。

（2）严格清洗消毒。生鱼片、现榨果汁、水果拼盘等不经加热处理的直接入口食品，应在清洗的基础上，对食品外表面、工用具等进行严格的消毒。餐具、熟食品容器要彻底洗净消毒后使用。接触直接入口食品的工具、盛器、双手要经常清洗消毒。

特别提示：餐具、容器、工用具最有效和经济的消毒方法是热力消毒，即通过煮沸或者蒸汽加热方法进行消毒。

（3）控制加工量。应根据自身的加工能力决定制作食品数量，特别是不要过多地"翻台"。这是一项综合性的措施，如果超负荷进行加工，就会出现食品提前加工、设施设备和工具餐具不够用等现象，造成不能严格按保证食品安全的要求进行操作，上述各项关键控制措施做不好，发生食物中毒的风险就会明显增加。

三、四种常见化学性食物中毒的预防

常见的化学性食物中毒主要有以下几种。

1. "瘦肉精"中毒

中毒原因：食用了含有瘦肉精的猪肉、猪内脏等。

主要症状：一般在食用后30分钟至2小时内发病，症状为心跳加快、肌肉震颤、头晕、恶心、脸色潮红等。

预防方法：选择信誉良好的供应商，如果发现猪肉肉色较深、肉质鲜艳，后臀肌肉饱满突出，脂肪非常薄，这种猪肉则可能含有瘦肉精。

特别提示：尽量选用带有肥膘的猪肉，猪内脏最好要选择有品牌的定型包装产品，不要采购市场外无证摊贩经营的产品。

2. 有机磷农药中毒

中毒原因：食用了残留有机磷农药的蔬菜、水果等。

主要症状：一般在食用后2小时内发病，症状为头痛、头晕、腹痛、恶心、呕吐、流涎、多汗、视物模糊等，严重者瞳孔缩小、呼吸困难、昏迷，直至呼吸衰竭而死亡。

预防方法：选择信誉良好的供应商，蔬菜粗加工时用蔬果洗洁精溶液浸泡30分钟后再冲净，烹调前再烫泡1分钟，可有效去除蔬菜表面的大部分农药。

3. 亚硝酸盐中毒

中毒原因：误将亚硝酸盐当作食盐或味精加入食物中，或食用了刚腌制不久的腌制菜。

主要症状： 一般在食用后3小时内发病，主要表现为口唇、舌尖、指尖青紫等缺氧症状，自觉症状有头晕、乏力、心律快、呼吸急促，严重者会出现昏迷、大小便失禁，最严重的可造成呼吸衰竭而导致死亡。

预防方法： 如自制肴肉、腌腊肉，严格按每公斤肉品0.15克亚硝酸盐的量使用，并应与肉品充分混匀；亚硝酸盐要明显标识，加锁存放；不要使用来历不明的"盐"或"味精"；尽量少食用腌菜。

特别提示： 尽量不自制肴肉、腌腊肉等肉制品，避免误用和超剂量使用亚硝酸盐。

4. 桐油中毒

中毒原因： 误将桐油当食用油使用。

主要症状： 一般在食用后30分钟至4小时内发病，症状为恶心、呕吐、腹泻、精神怠倦、烦躁、头痛、头晕，严重者可意识模糊、呼吸困难和惊厥，进而引起昏迷和休克。

预防方法： 桐油具有特殊的气味，应在采购、使用前闻味辨别。

特别提示： 不使用来历不明的食用油。

四、六种有毒动植物中毒的预防

常见的有毒动植物食物中毒主要有以下几种。

1. 河豚鱼中毒

中毒原因： 误食河豚鱼或河豚鱼加工处理不当。

主要症状： 一般在食用后数分钟至3小时内发病，症状为腹部不适、口唇指端发麻、四肢乏力继而麻痹甚至瘫痪、血压下降、昏迷，最后因呼吸麻痹而死亡。

预防方法：不食用任何品种的河豚鱼（巴鱼）或河豚鱼干制品。国家禁止在餐饮服务单位加工制作河豚鱼。

2.高组胺鱼类中毒

中毒原因：食用了不新鲜的高组胺鱼类（如鲐鱼、秋刀鱼、金枪鱼等青皮红肉鱼）。

主要症状：一般在食用后数分钟至数小时内发病，症状为面部、胸部及全身皮肤潮红，眼结膜充血，并伴有头痛，头晕，心跳、呼吸加快等症状，皮肤出现斑疹或荨麻疹。

预防方法：采购新鲜的鱼，若发现鱼眼变红、色泽暗淡、鱼体无弹性时，不要购买；储存要保持低温冷藏；烹调时放醋，可以使鱼体内的组胺含量降低。

特别提示：注意青皮红肉鱼的冷藏保鲜，避免长时间室温下存放而引起大量组胺产生。

3.豆荚类中毒

中毒原因：四季豆、扁豆、刀豆、豇豆等豆荚类食品未烧熟煮透，其中

的皂素、红细胞凝集素等有毒物质未被彻底破坏。

主要症状：一般在食用后5小时内发病，症状为恶心、呕吐、腹痛、腹泻、头晕、出冷汗等。

4. 豆浆中毒

中毒原因：豆浆未彻底煮沸，其中的皂素、抗胰蛋白酶等有毒物质未被彻底破坏。

主要症状：在食用后30分钟至1小时内，出现胃部不适、恶心、呕吐、腹痛、腹泻、头晕无力等中毒症状。

预防方法：生豆浆烧煮时将上涌泡沫除净，煮沸后再以文火维持沸腾5分钟左右。

特别提示：豆浆烧煮到80℃时，会有许多泡沫上浮，这是"假沸"现象，应继续加热至泡沫消失，待沸腾后，再持续加热数分钟。

5. 发芽马铃薯中毒

中毒原因：马铃薯中含有一种对人体有害的称为"龙葵素"的生物碱。平时马铃薯中含量极微，但发芽马铃薯的芽眼、芽根和变绿、溃烂的地方，龙葵素含量很高。人吃了大量的发芽马铃薯后，会出现龙葵素中毒症状。

主要症状：轻者恶心、呕吐、腹痛、腹泻，重者出现脱水、血压下降、

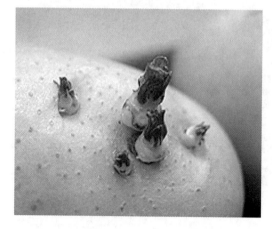

呼吸困难、昏迷抽搐等现象，严重者还可因心肺麻痹而死亡。

预防方法：如发芽不严重，可将芽眼彻底挖除干净，并削去发绿部分，然后放在冷水里浸泡1小时左右，龙葵素便会溶解在水中。炒马铃薯时再加点醋，烧熟煮烂也可除去毒素。

6.毒蘑菇中毒

中毒原因：毒蘑菇在自然界到处都有，从外观上看很难与无毒蘑菇分别开来，毒蘑菇一旦被误食就会引起中毒，甚至引起死亡。

主要症状：由于毒蘑菇的种类很多，所含毒素的种类也不一样，因此，中毒表现有多种多样。主要表现出四种类型：胃肠炎型大多在食用10多分钟至2小时发病，出现恶心、呕吐、腹痛、腹泻等症状，单纯由胃肠毒引起的中毒，通常病程短，预后较好，病死率较低；神经型多出现精神兴奋或错乱，或精神抑制及幻觉等表现；溶血型除了胃肠道症状外，在中毒一两天内出现黄疸、血红蛋白尿；肝损害型由于毒蘑菇的毒性大，会出现肝大、黄疸、肝功能异常等表现。

预防方法：切勿采摘、进食野生蘑菇，也不要采购来源不明的蘑菇。

五、发现食物中毒如何处置

消费者在就餐时若发现食物中毒，应将食品保持原状，并立即与餐馆负责人交涉。如果所点饭菜尚未食用，或尚未造成健康问题，可参照《食品安全法》《消费者权益保护法》等规定，与餐馆协商妥善解决，同时妥善保存消费单据、发票等证据，及时向餐饮服务食品安全监管部门举报。

若出现恶心、呕吐、发烧等食物中毒典型症状时，应及时就诊并保留病历卡、检验报告、呕吐物、剩余食品等相关证据；一旦发生疑似食物中毒，应立即向食品安全监管部门投诉举报，避免因错过最佳的调查时机而导致食物中毒无法认定。

《食品安全法》还规定消费者的民事赔偿可优先得到满足；另外，如购买了不符合标准的食品，虽未受到损害仍可要求获得10倍赔偿；若造成人身、财产或其他损害后果的，可依法要求企业承担赔偿责任。

第六章

别让6种不良饮食习惯成为癌症的帮凶

最新医学研究表明，目前我国中老年患者中平均每4人就有1人患癌症，其中80％的肿瘤是由不良生活方式和环境因素所致，35％～40％的肿瘤发病与不科学、不合理的膳食习惯有关。尤其是近20年来，我国消化道肿瘤的发生率呈明显上升趋势，胃、食管、肝、结肠等消化系统恶性肿瘤占全部恶性肿瘤发病率的六至七成。很多专家估计，人类消化系统恶性肿瘤中的30％～35％要归咎于不良饮食习惯。

此话并非危言耸听，这是科学家们经过社会调查与科学分析后得出的结论。也就是说，只要能运用现代的知识和科学技术，建立以合理饮食为基础的良好生活方式，许多癌症是可以预防的。看似简单的一日三餐不仅为生命提供能量，还潜藏着生命玄机。饮食习惯足以决定健康趋向。

1. 进食不规律、过快、过热

有些人吃东西喜欢"趁热吃"，觉得这样吃很香。殊不知娇嫩的食管黏膜是经不起这样"水深火热"考验的，很容易引起食管炎症，久而久之就可能发生食管癌。比如，潮汕地区是广东省食管癌高发地区，经流行病学调查研究发现，这与他们长期饮用功夫茶有一定的关系。功夫茶又热又浓，快速饮用，对食管形成物理刺激与损伤，久而久之，演变成了食管癌。

2. 食物过于精细

随着生活水平的提高，人们吃的都是精细的食物，粗纤维的东西吃得很少。其实，过于精细的食物对人类健康并无好处，因为过细的研磨会破坏食物中的膳食纤维，虽然膳食纤维不能被人体消化、利用，但是在肠道里，它能增加肠道蠕动，避免大便蓄积。摄入膳食纤维不足，粪便通过肠道时间延长，可使致癌物与肠道接触机会增加，成为结、直肠癌的危险因素之一。

3. 嗜食盐腌、熏制、油炸食品

咸鱼、咸肉和酱菜因其味道独特，而被人们青睐。然而，咸鱼及腌菜

在腌制过程中，会产生大量亚硝胺，科学研究表明该物质具有明显的致癌作用；另外长期高盐饮食可破坏黏膜的保护层，使得致癌物质直接与胃、食管黏膜接触，增加食管癌和胃癌的发病率。我国华北太行山区，就因人们嗜食"酸菜"而成为食管癌的三个高发区之一。而对于熏制、油炸食物来说，由于在制作过程中会产生大量的多环芳烃，其中包括苯并芘，这种物质与胃癌、食管癌的发生有很大的关系。

4.高脂饮食，蔬果摄入过少

现代医学研究表明，高动物蛋白、高脂肪和低纤维饮食是大肠癌高发的因素。新鲜蔬菜、水果含丰富的维生素和膳食纤维，是最佳的防癌食物。高脂肪饮食可使肠道菌群生成3-甲基胆蒽增加，而3-甲基胆蒽又可被肠道细菌

再次芳香化后形成致癌物。目前研究一致认为：低脂、高纤维、蔬菜水果量高的饮食可降低罹患大肠癌、胃癌、食管癌等消化系统肿瘤的风险。

5.过多食用加工肉类

加工肉类制品通常经过腌制、烟熏或者加入硝酸盐以此来延长它们的

保质期，而这恰恰导致了胃癌发病率的增加。有资料说，红肉（主要指牛、羊、猪肉）和加工后肉类摄入量较大的人群，其大肠癌发病危险性亦较高。超市出售的灌肠、肉肠、火腿肉、熟肉等，颜色鲜红，十分好看，那些红的物质正是硝酸盐。硝酸盐和血红蛋白结合以后，不怕加热，加热后仍然是红色的，但它与肉里的蛋白质结合就可能合成亚硝胺。还有，吃太多香肠和热狗等加工肉类会使患胰腺癌的概率增加。

6. 嗜好烟酒，长期饮过量咖啡

香烟含有多种致癌物质，可直接或间接导致癌变。酒可以促使细胞癌变及增加人体对肿瘤的易感性。更令人担忧的是，在酒宴或聚餐之际，人们总是烟酒不离口，场面似乎和谐、热烈，却增加了致癌的机会。实验证明，烟和酒会产生一种协同作用，酒是一种溶剂，它使烟中的致癌物质溶解，渗入表皮细胞，增加消化道肿瘤的发病率。另外，长期过量饮用咖啡，与胰腺癌的发病密切相关。癌症的发生纵然由多方面因素所致，但追其源头，我们可以得出结论：癌从口入！

我们还可以进一步认识到：癌症是可以预防的！前提是你切实意识到这些不良饮食习惯并加以改正，只有这样，才不会给癌症备好"铺路石"。

第七章

走出食物相克的『误区』

2011年8月5日《北京青年报》和中国营养学会、北京中医药大学联合主办了"食物真的相克吗？——食品安全专家研讨会"。新华社、中新社、人民日报、北京电视台、北京晚报等30家媒体记者参会。

一直以来，在我国民间就流传着"食物相克"的说法，早在清代就有中医学者对此进行过批驳，现代营养学家郑集教授在上世纪30年代就对食物"相克"进行科学实验，并做出了科学的解释。但是在科学迅猛发展的今天，"食物相克"类的书籍仍然在畅销，电影、电视剧里仍不断出现"食物相克"的宣传，甚至在很多网站专门开辟这类栏目。这些不科学的论调在严重地影响着百姓日常生活，使人们本就担忧的食品安全问题更加复杂化。为传播正确的食品科学理念，营养学专家和中医养生专家共同探讨了这个主题。

葛可佑　中国营养学会名誉理事长，首席顾问

"食物相克说"既没有理论解释，也没有实验证据、临床的积累

我从小也听老辈说有些东西是不能一起吃的，大葱不能蘸蜂蜜，吃多了能死人。那个时候心里有怀疑，但也不敢尝试。长大以后，我学了营养专业，读的第一本书是郑集教授写的，他是南京大学生化系的教授，他就研究了食物"相克"这个问题。1935年南京出现一种流行病，当时人们相信这是食物相克造成的，就是香蕉和芋头不能一起吃，吃了就出问题。郑集教授搜集了一下资料，发现有184对食物是传说"相克"的。他挑出14对说得最多的不能吃的：大葱和蜂蜜、红薯和香蕉、绿豆和狗肉、松花蛋和糖、花生和黄瓜、青豆和饴糖、海带和猪血、柿子和螃蟹等，用白鼠、猴子、狗做实验；然后又选出7对人比较常吃的，他本人和研究室的一个同事两人一起吃了两天，结果什么事情也没有发生，一切正常。于是他就写了一篇相关文章进行驳斥，又把这个内容附录在他写的《营养学》上。那个时候读到这本书我就觉得很受教育，原来食物相克不是真的，对待这种说法应该有科学的认识。

这个事过去了好几十年，没想到从2000年起，"食物相克"的说法又来了，还挺凶猛。根据调查，2003年至2008年，关于食物相克的书就出了60多本。随便看看这些书，鸡蛋加糖精死亡、大葱蘸蜂蜜断肠、土豆和香蕉长雀斑等等，甚至鸡蛋炒黄瓜都不能吃了，那我们还能吃什么？

为了检验这些说法，中国营养学会从2009年开始和兰州、哈尔滨的高校进行合作研究。我们在兰州地区选择了100位健康人员，年龄在20-45岁的男女各半，为他们挑了一些能经常吃到的，包括猪肉加百合、鸡肉加芝麻、牛肉加土豆、土豆加西红柿、韭菜加菠菜，先做了动物实验再给人吃。这些食物都是超市买来，在食堂加工，吃了一个礼拜。食物相克里说猪肉加百合中毒、牛肉加土豆肠胃功能紊乱、土豆加西红柿消化不良、韭菜加菠菜滑肠腹泻，但是这100个人里面都没有这些表现。

哈尔滨医科大学也是在动物实验基础上，请试食者来吃这些所谓的相克食物，他们做的是猪肝炒青椒、猪肉炖黄豆、菠菜拌黄豆、羊肉炖土豆、海带拌水果、茶叶煮鸡蛋等等。30个试食者没有人发生中毒现象，也没有人有严重的不适感，只是有的人觉得菠菜拌黄豆难吃、羊肉炖土豆羊腥味重、海带拌水果口味不好。既然没有中毒和不适，怎么会有"食物相克"这个说法呢？是不是真的有一定道理？老辈传说下来的总得有点儿原因吧？我推测可能有以下这样几点原因。

历史上人们的经验都要记录下来，流传给后人来继承。有人吃了大葱蘸着蜂蜜肚子疼、肚子胀，不能忍受。当时的医生没有外科知识和感染的知识，他从病状上找原因，找来找去觉得是吃得不合适了，大葱蘸蜂蜜确实也不是常有的吃法。如果按照现在的医学知识，急性阑尾炎导致肠穿孔死亡，症状就是这样，只不过当时没有这个认识，人们就把它记在食物相克的账上了。

第二个就是食物污染的问题。现在大家都知道污染，但那时候人们不知道有污染，不知道有毒素。有人吃了黄瓜炒鸡蛋拉肚子了，老百姓就说黄瓜跟鸡蛋一起吃就拉肚子，其实不是，而是黄瓜或鸡蛋被污染了。

还有一种就是特殊体质造成的。我们很多人吃海产品身上痒、肿；有些小孩喝牛奶长湿疹。这种人是一种特殊体质，只对他有影响，对一般人没有影响，碰巧这种过敏的病例也被记录下来说是食物相克造成的。比如大虾和水果一起吃会不适，脸会肿得像猪头一样，其实是这个人对海鲜过敏，并不是人人都这样。

到了今天，我们有了现代的科学知识，再笼统地说食物相克而不追究真实的原因就不对了。现在无论是疾病诊断还是治疗都讲究证据，"食物相克说"没有理论解释、实验数据、临床的积累，那它就是不真实、不可靠的。

最近我们还发现，食物相克的说法又换角度了，不说会死人，改说营养素互相影响，这个听起来似乎有道理。菠菜炖豆腐，菠菜的草酸跟豆腐的钙一结合，变成了不能吸收的草酸钙，所以菠菜跟豆腐不能一起吃。那就单独吃菠菜，可要是喝了牛奶喝了豆浆，里面也都有钙，所以不和豆腐一起吃，到了胃肠里可以沉淀成不被人体吸收的钙。还有胡萝卜素和番茄红素，它们都是脂溶性的，只能炒着吃，要是生吃就不能吸收，损失了营养素。这个科学解释是对的，但是番茄红素和油炒了以后能吸收，进了胃肠碰到油照样能够结合。你光说番茄红素炒了好，我还觉得损失了维生素C不合算。所以营养素之间的相互作用是客观存在的，有的是相互促进的，有的是相互抑制的，量大量小都有影响，你避免了这一样，避免不了另一样。

我们要把合理的饮食当作生活享受来对待。膳食指南告诉你一天吃多少也只是一个参考，你一个星期吃的东西和它大体平衡就可以了，并不是像吃药一样严格。老百姓不需要去操心营养素表，好好吃饭，愉快地过日子，就得了！

谷晓红　北京中医药大学教授

文献中有"食物相反"和"食物禁忌"的记载,不曾说"相克"

我是学中医学的,我在进行中医学的教学和临床治疗时总会讲到饮食疗法。有少数的饮食方式会产生一些不相宜的作用,我们一般把它归为不良饮食,所以在关于"食物相克"的历史追源和评价当中,我想先谈谈一些不良饮食的概念。

在中医学的历史文献中有关于食物"相反"和食物禁忌的记载。"相反"是源自于中药药物的相反,主要指两种药物同时使用会产生一些毒性或一些不良反应,我们现在叫作副反应。对药物相反的研究历代都有一些成果,由此延伸出一些食物相反的记载也很多。中医当中所有的食品,无论水果、蔬菜、肉类、谷物都分其性——寒、热、温、凉、平,饮食的这种性的叠加作用于人体,也会发生一些副反应,我们叫作食物的"相反"。比如螃蟹和柿子就属于食物的相反,因为螃蟹是寒性的,柿子也是寒性的,两个寒性的东西放在一起,再赶上虚寒体质的人,就会雪上加霜,导致腹泻明显。南瓜与羊肉,两个都是温性的,如果本身又是热性的体质,吃了就属于火上浇油。

我找到一组数据,里面统计"相反"的食物包括菜果食用菌类、畜禽水产肉类以及蛋奶、调味品,居然一共有163种。翁维健老师在《中医饮食营养学》里面谈到常用食材有212味,这么一对比,相反食物占到七成以上,那中国人还吃什么啊?中医里一般常用药有400多味,有记载的相反的药物只有18~30味,食物的相反却超出这么多,可见这个结论是不符合逻辑的。

中医的文献里还讲到食物的禁忌。有的人因为吃了不洁的东西中毒,另外就是个体差异性导致的机体反应。还有与疾病有关系的禁忌，比如得了热病，还吃羊肉加上榴莲和桂圆，那对疾病的治疗是有反作用的。吃多了对脾胃的承受能力是一个考验，如果承受不了就会出现问题，这在文献当中也属于禁忌。还有的是吃的时机对不对，两顿饭没吃，见到柿子就空腹吃，会对胃产生很大的伤害，这在文献记载中也有明示。此外还有单食禁、合食禁、妊娠食忌、服药食忌、病后食忌等等。

但是中医学的文献里还没有食物相克的说法，从汉唐到明清的60多本书籍里都没有关于食物相克的记载。在我看来首先从语义上就不通，"克"有胜任、战胜、攻克、克制、消灭对方的意思，而"相克"是两个人或者两个事物之间的关系，一般不针对第三者。食物的"相克"，我个人认为好像是指某些食物不能一起食用，否则就会对人体健康有害，或者出现不良反应，或者导致疾病，或者中毒甚至死亡。通常来说，吃了食物不舒服或者得病，恐怕还跟个体有关系，即使有一些不良反应，也不能叫"克"。

翁维继　北京中医药大学营养学教研室主任

相克论与古代的、现代的营养观都是相悖的

据说现在有几个奴，车奴、房奴还有食奴，食奴是什么呢？吃饭太算计、太痛苦，这个不敢吃，那个不敢吃，吃多少也弄不清。如今你打开任何现代化的东西，都是在给你信息，同时污染的东西太多了。我想"食物相克"就是属于不良信息的污染，食奴就是信息干扰所造成的。

"食物相克风"卷土重来有一些特点：过去只是出书，现在微博上、个人网站上会时不时出现跟食物相克有关的内容。第二就是改头换面，使用点现代科学语言，但是内容换汤不换药。比如说什么含草酸、乳酸、果

酸、鞣酸、醋酸或Ｖc的食物和含钙食物同吃，会产生草酸钙导致结石症；另外这些酸要和鸡蛋或牛奶同用，蛋白质也会发生相结合的反应，影响蛋白质吸收。你兑到玻璃试管里面当然沉淀了，但是别忘了人是人，试管是试管。我们人身体内缓冲体系很多，消化道就有6米长，你吃点酸就变成酸、吃碱就变成碱了？人是很巧妙的。第三是所谓的相克的数量增加了，过去三五百条就很让人吃惊了，现在动不动就上千条。最近有一本书，今年刚出的，干脆就选了2011条，随意性很大，而且说理不足，缺乏科学依据。有些是无稽之谈，什么萝卜加水果甲状腺肿大；糯米加鸡肉、芋头加香蕉，腹部感觉不适；还有什么加什么吃了以后肚子发胀，我认为这纯属无稽之谈。

最可怕的是中毒论，最近炒作都把它搁在首位。我手上有一本书，首篇就是中毒死亡篇，前面几十页都是说中毒而亡的，西瓜和羊肉吃了死、鸡肉和芝麻吃了死、杨梅和鸭肉吃了死、柿子和鹅肉吃了死、鳗鱼和醋吃了死、红糖和生鸡蛋吃了死。人就有这种心理，宁可信其有，不可信其无。那么看看为什么死？答案含糊其辞，说一点中医的药性、五脏六腑，绕你，再加一点西医的，读者看了就蒙。还有的就是避而不谈，就是死，不解释。这么不合理为什么有人受骗？就是抓住人们的心理，喜欢新、奇、特、玄。说的内容越特殊越玄，书就越好卖，因为吸引眼球。还有就是国民素质的问题，据国家统计，具备科学常识的人仅占4.7%，都是很好骗的。

食克论有人认为是中医学所为。中医学里有句名言：热无灼灼，寒无沧沧，寒温中止，宜补中气。就是说凉别像海水那么凉，热也别太热，要中和一下。比如炒苦瓜是凉性的，放一点蒜蓉；吃蟹虾鱼，加一点醋和蒜蓉，都是温凉配。中医学没有说相克的，这个"克"不是中医学所为。

现代食物相克说也不是中医遗留的问题。几百年前古代的医者就对食物"相克"表示质疑，明末清初的医家汪昂在《本草备要》里说："诸家之说，稽之于古则无征，试之于人则不验，徒令食忌不足取信于后世而已。"到清代以后食物相克的观点就淡化了，很少有人再提。

2011年国家重新颁布的《中国居民膳食指南》精编版也告诉大家，要科学地进食，膳食多样化才有益健康。食克论与古代营养观和现代营养观都是相悖的，我们一定要坚决反对。

第二篇

来自田野上的食品安全

农产品从田野到走上餐桌，一般要经历生产、运输、加工、销售四个环节。研究发现，在四大环节中，生产环节是保证农产品质量安全的源头，而小户经营、分散生产的模式，往往使质量安全难以得到保证，而这种隐患肉眼往往难以辨别。像"毒豇豆"，就是在生产中施用了违禁农药，造成农残超标；"健美猪"则是在饲料中违规添加"瘦肉精"，危害了消费者的健康。在运输、加工和销售环节，由于设施缺乏或落后、操作不规范等原因，也可能造成二次污染，影响农产品的新鲜度和质量安全。

"食品安全风险，存在于各个环节。"中国卫生监督协会常务副会长赵同刚表示。作为个体来说，每个人都应该学习防御性生存，假设一切都是危险的，不去主动冒险，增强对各类风险的评估能力，然后一项一项谨慎排除，应该可以避免大多不必要的伤害。总之，居安思危，随机应变，在没人保护我们的时候，一定要珍惜生命，千万不要死于无知。

第八章

5种粮食油料选购的鉴别方法

- 如何鉴别大米的质量
- 如何鉴别面粉的质量
- 挑选食用油应注意哪些方面
- 如何鉴别酱油的质量
- 如何鉴别食醋的质量

一、如何鉴别大米的质量

1. 色泽鉴别

进行大米色泽的感官鉴别时，应将样品在黑纸上撒一薄层，仔细观察其外观并注意有无生虫及杂质。

良质大米：呈清白色或精白色，具有光泽，呈半透明状。

次质大米：呈白色或微淡黄色，透明度差或不透明。

劣质大米：霉变的米粒色泽差，表面呈绿色、黄色、灰褐色、黑色等。

2. 外观鉴别

良质大米：大小均匀，坚实丰满，粒面光滑、完整，很少有碎米、爆腰（米粒上有裂纹）、腹白（米粒上乳白色不透明部分叫腹白，是由于稻谷未成熟，淀粉排列疏松，糊精较多而缺乏蛋白质），无虫，不含杂质。

次质大米：米粒大小不均，饱满程度差，碎米较多，有爆腰和腹白粒，粒面发毛、生虫、有杂质，带壳粒含量超过20粒/千克。

劣质大米：有结块、发霉现象，表面可见霉菌丝，组织疏松。

3. 气味辨别

进行大米气味的感官鉴别时，取少量样品于手掌上，用嘴向其中哈一口热气，然后立即嗅其气味。

良质大米：具有正常的香气味，无其他异味。

次质大米：微有异味。

劣质大米：有霉变气味、酸臭味、腐败味及其他异味。

 二、如何鉴别面粉的质量

1. 看色泽

凡符合国家标准的面粉，在通常情况下呈乳白色，面制品色泽玉白，看上去较为细洁，并非越白越好。如果面粉面制品颜色白得出奇，像石灰或白纸，则说明已使用了食品增白剂，如吊白块。吊白块的化学名字叫甲醛合次硫酸氢钠，次硫酸氢钠在食品加工中具有还原漂白作用，可使食品增白。国家明令禁止使用吊白块。

2. 辨精度

凡符合国家标注的面粉面制品，手感细腻，粉粒均匀，而伪劣面粉产品摸上去手感粗糙，面粉干结，说明超过国家规定的加工精度标准和水分标准。

3. 闻气味

凡符合国家标注的面粉面制品，有一股小麦固有的天然清香味。如果有霉杂异味，说明已掺了其他物质。若是添加剂过量，也会破坏小麦原有的清香味，食用后会感到口干舌燥。

4. 认品牌

在感官鉴别的同时，还应注意认准面粉产品生产厂家和品牌。一般而言，专业面粉厂生产的面粉产品质量较为可靠，而一些小作坊，由于缺乏必要的加工手段和技术条件，面粉质量难以保证。

三、挑选食用油应注意哪些方面

1. 包装

印有商品条码的食用油，看其条码印制是否规范，是否有改动迹象，谨防买到擅自改换标签、随意更换包装的食用油。选购桶装油要看桶口有无油迹，如有则表明封口不严，会导致油在存放过程中加速氧化。

2. 标识

按国家规定，食用油的外包装上必须标明商品名称、配料表、质量等级、净含量、厂名、厂址、生产日期、保质期等内容，必须要有QS(企业生产许可)标志。生产企业必须在外包装上标明产品原料生产国以及是否使用了转基因原料，必须标明生产工艺是"压榨"还是"浸出"。

3. 颜色

一级油比二级、三级、四级油的颜色要淡，这是国家标准规定的。也就是说同一品种同一级别油，颜色基本上没有太大的差别。但不同油脂之间颜色一般没有可比性，因为国家标准中允许不同油脂同样级别的油脂颜色可以不一样，这主要和油脂原料和加工工艺有关。

4. 透明度

透明度是反映油脂纯度的重要感官指标之一，纯净的油应是透明的。一般高品质食用油在日光和灯光下用肉眼观察，应清亮无雾状、无悬浮物、无杂质、透明度好。

5. 有无沉淀物

高品质食用油无沉淀和悬浮物，黏度较小。沉淀物主要是杂质，在一定条件下沉于油的底层。购油时应选择透明度高、色泽较浅(但芝麻油除外)、无沉淀物的油。

6.有无分层

若有分层现象则很可能是掺假的混杂油。优质的植物油静置24小时后，应该清晰透明、无沉淀。

四、如何鉴别酱油的质量

优质酱油应具备以下特点。

色泽：普通酱油为棕褐色，不发乌，有光泽。

香气：指酱油应当有一定的酱香气，无其他不良气味。

滋味：酱油咸甜适口、味咸回甜，无苦、酸、涩等异味。

生白：酱油表面生出一层白膜，是一种产膜性酵母菌引起的。

劣质酱油的特点：颜色发乌、发暗、不透明；味道上有苦、涩、酸等异味和霉味。

五、如何鉴别食醋的质量

优质食醋应具备以下特点。

色泽：食醋应具有与加工方法相适应的固有色泽。

气味：食醋应具有酸甜气味，不得混有异味。

滋味：食醋应具有酸甜适口感，不涩，无其他不良滋味。

劣质食醋会出现以下情形。

霉花浮膜：食醋表面由微生物繁殖所引起的一层霉膜。

醋鳗、醋虱：食醋在生产过程中被污染，在醋中有两种形态不同的生物存活，即醋鳗、醋虱。

第九章

常见5种蔬菜果品的鉴别常识

一、常见蔬菜产品的质量安全等级是如何划分的

中国涉及蔬菜产品质量安全的概念和标准可分为5类，包含一般产品、放心菜、无公害蔬菜、绿色食品、有机食品。

一般产品是指那些没有经过无公害食品、绿色食品或有机食品认证的产品，对其监管力度较小。

放心菜是指食用后不会造成急性中毒的安全菜，其对应的检测标准是快速检测方法。这种检测方法有一定的局限性，只能定性测定有机磷和氨基甲酸酯类农药残留，对含硫农药残留的蔬菜不适用。

无公害蔬菜是指产地环境、生产过程和产品质量符合国家或农业行业无公害相关标准，并经产地或质量监督检验机构检验合格，经有关部门认证并使用无公害食品系列标准。无公害蔬菜标准检测内容包括农药残留和重金属含量。

绿色食品是指遵循可持续发展原则，按照特定生产方式生产，经专门机构认定，许可使用绿色食品标志的无污染、安全、优质、营养类食品。在我国，绿色食品对生产环境质量、生产资料、生产操作等均制订了标准。其中，农药残留限量值是参照欧盟的指标制订的。

有机食品是来自有机农业生产体系，根据国家有机农业生产要求和相应标准加工，并通过独立的有机食品认证机构认证的农副产品。而有机农业

是一种完全不使用化学肥料、农药、生长调节剂、畜禽饲料添加剂等人工合成物质，也不使用基因工程生物及其产物的生产体。

二、有虫眼的蔬菜一定是安全的吗

野菜果真一点污染也没有吗？这种说法并不完全正确。如果是出自无外来污染，且土壤和灌溉水均符合有关蔬菜产地环境标准要求的野生蔬菜确是上佳的食品。但是，由于绿色植物对于空气具有净化作用，不但能吸附空气中的尘埃和固体悬浮物，而且对空气和土壤中的有害气体、化学成分具有过滤作用。如果野菜生长在污染地带，受污染就是很自然的事，并且还比较难清洗干净。如果食用了被污染的野菜，会对身体造成危害，严重的还会引起食物中毒。另外，某些生长在纯天然环境中，附近没有污染源，周围没有农作物施用农药的野菜，也可能因为有些土壤本身的关系而含有某种重金属，而部分野菜对环境中的重金属有富集作用，这些野菜中的重金属含量往往超过正常蔬菜水平的数倍甚至更高，长期食用这类蔬菜可能会导致重金属在人体内富集，而危害人体健康。

还有不少人认为，有虫眼的蔬菜相比那些外观完整的蔬菜更安全，说明没有使用农药。这其实是一个消费误区，有很多虫眼只能说明曾经有过虫害，并不能表示没有喷洒过农药。如果在生长初期，叶片上留下了虫眼，则虫眼会随着叶片长大而增大，蔬菜有没有虫眼并不能作为蔬菜是否安全的标志。此外，部分害虫具有"抗药性"，一旦产生抗药性，菜农往往需要加大农药施用剂量才会有效果。因此，有时候虫眼多的蔬菜，菜农为了杀死这些害虫反而会喷施更多农药。所以，看蔬菜是否有农药残留不能只看它有没有虫眼。

三、叶菜为什么不宜久存

将蔬菜存放数日后再食用是非常危险的，危险来自叶菜含有的硝酸盐。硝酸盐本身无毒，然而在储藏了一段时间后，由于酶和细菌的作用，硝酸盐就会被还原成有毒的亚硝酸盐。亚硝酸盐在人体内与蛋白质类物质结合，可生成致癌性的亚硝胺类物质。

储存过久的蔬菜不仅产生有害物质，而且可造成营养素的损失。实验证明，在30℃的屋子里储存24小时，绿叶蔬菜中的维生素C几乎全部损失，而亚硝酸盐的含量上升了几十倍。因此，在市场上采购应当挑选新鲜的，不应贪图便宜而购买萎蔫、水渍化、开始腐烂的蔬菜，因为这些蔬菜均不可食用。

四、如何去除蔬菜中残留的农药

1. 流水冲洗加浸泡法

污染蔬菜的农药品种主要为有机磷类杀虫剂。有机磷杀虫剂难溶于水，此种方法仅能除去部分农药残留。但水洗是清除蔬菜水果上其他污物和去除残留农药的基础方法，主要用于叶类蔬菜，如菠菜、金针菜、韭菜花、生菜、小白菜等。一般先用水反复冲洗掉表面污物，然后用清水浸泡15分钟后，再用流水冲洗两三遍。果蔬清洗剂可增加农药的溶出，冲洗时可加入少量果蔬清洗剂。

2. 流水冲洗加碱水浸泡法

有机磷杀虫剂在碱性环境下分解迅速，所以，此方法是去除农药污染的有效措施，可用于各类蔬菜瓜果。方法是先将表面污物冲洗干净，浸泡到碱水中（一般500毫升水中加入碱面5～10克）5～10分钟，然后用清水冲洗3～5遍。

3. 去皮法

蔬菜瓜果表面农药量相对较多，所以削皮是一种较好的去除残留农药的方法，主要用于苹果、梨、猕猴桃、黄瓜、胡萝卜、冬瓜、南瓜、西葫芦、茄子、萝卜等。

4. 储存法

农药在存放过程中，能够缓慢地分解为对人体无害的物质。对易于保存的瓜果蔬菜可通过一定时间的存放，释解农药残留量，适用于南瓜、冬瓜等不易腐烂的种类。一般存放15天以上。建议不要立即食用新采摘、未削皮的果菜。

5. 加热法

氨基甲酸酯类杀虫剂随着温度升高，可加快分解。所以，对一些其他方法难以处理的蔬菜瓜果可通过加热去除部分农药，常用于芹菜、菠菜、小白菜、圆白菜、青椒、菜花、豆角等。先用清水将表面污物洗净，放入沸水中2～5分钟捞出，然后用清水洗一两遍。

五、如何鉴别化肥浸泡过的豆芽

1. 看芽秆

自然培育的豆芽芽身挺直稍细，芽脚不软、脆嫩、光泽色白，而用化肥浸泡过的豆芽，芽秆粗壮发水，色泽灰白。

2. 看芽根

自然培育的豆芽菜，根须发育良好，无烂根、烂尖现象，而用化肥浸泡过的豆芽菜，往往根短、少根或无根。

3. 看豆芽

自然培育的豆芽的豆粒正常，而用化肥浸泡过的豆芽，豆粒发蓝。

4. 看断面

观察折断豆芽秆的断面是否有水分冒出，无水分冒出的是自然培育的豆芽，有水分冒出的是用化肥浸泡过的豆芽。

六、食用水果应注意什么

1. 生吃水果忌不削皮

一些人认为，果皮中维生素含量比果肉高，因而食用水果时连皮一起吃。殊不知，水果发生病虫害时，往往用农药喷杀，农药会浸透并残留在果皮蜡质中，果皮中的农药残留量比果肉中高得多。

2. 吃水果忌不卫生

食用开始腐烂的水果，以及无防尘、防蝇设备又没彻底洗净消毒的果品，如草莓、桑椹、剖片的西瓜等，容易发生痢疾、伤寒、急性胃肠炎等消化道传染病。

3.水果忌用酒精消毒

酒精虽能杀死水果表层细菌，但会引起水果色、香、味的改变，酒精和水果中的酸作用，会降低水果的营养价值。

4.忌用菜刀削水果

因菜刀常接触肉、鱼、蔬菜，会把可能的寄生虫或寄生虫卵带到水果上，使人感染寄生虫病。尤其是菜刀上的锈和苹果所含的鞣酸会起化学反应，使苹果的色、香、味变差。

5.忌饭后立即吃水果

饭后立即吃水果，不但不会助消化，反而会造成胀气和便秘。因此，吃水果宜在饭后2小时或饭前1小时。

6.吃水果忌不漱口

有些水果含有多种糖类物质，对牙齿有较强的腐蚀性，食用后若不漱口，口腔中的水果残渣易造成龋齿。

7.忌食水果过多

过量食用水果，会使人体缺铜，从而导致血液中胆固醇增高，引起冠心病。因此，不宜在短时间内进食过多水果。

七、食用反季节水果应注意什么

水果的生长季节多在春、夏、秋三个季节，冬季吃的水果多数是贮藏的果品。能在冬季吃到刚摘下的果品，过去是人们的一个理想。在科技发达

的今天，理想已经变成现实。利用日光温室等科技手段，即使是在冰天雪地的北方，也可以吃到刚摘下的西瓜、草莓、葡萄、网纹甜瓜，乃至热带水果木瓜、番石榴等。所谓的反季节水果，就是指这些利用设施栽培生产出的水果。无疑，反季节水果比贮藏的水果新鲜。严格按照无公害食品规定栽培的反季节水果，其品质和正常季节的产品没有太大的区别。

但是，反季节水果有着自身不可克服的缺点：反季节水果要比同类应季水果贵，昂贵的能源支出和人工费用使得反季节水果身价不菲。冬季西瓜每千克价格在6~10元，而西瓜生产旺季的夏季，每千克售价仅约0.5元，两者相差10倍有余。但价格贵质量并不一定高，设施栽培生产出的水果，由于光照不足，缺少该有的风吹日晒，往往维生素C含量低，甜度不够，糖度酸度比差，风味不足，口感不佳。

另外，一些不法商贩为了经济利益，利用化学试剂催熟反季节水果，会对人体健康造成伤害。如用催熟剂——乙烯利催熟葡萄，虽毒性较低但长期食用会对人体有害。又如为了让香蕉表皮嫩黄好看，用二氧化硫熏蒸。二氧化硫及其衍生物不仅对人体的呼吸系统产生危害，还会引起脑、肝、脾、肾病变。草莓用催熟剂、膨大剂等激素类物质，造成果实形状不规则，个体大、中间有空心。外观挺好看，但味道很差，并且对身体有害。

第十章

7种畜禽产品的鉴别方法

一、如何鉴别猪肉是否含有瘦肉精

如果发现猪肉肉色较深、肉质鲜艳，后臀肌肉饱满突出，脂肪非常薄，这种猪肉则很可能使用过"瘦肉精"。

二、如何鉴别注水肉

正常的新鲜肉，肌肉有光泽，红色均匀，脂肪洁白，表面微干；注水肉，肌肉缺乏光泽，表面有水淋淋的亮光。

正常的新鲜肉，用刀切开后，切面无水流出，冻肉间无冰块残留。注水肉，切面有水顺刀流出。

用普通纸贴在肉面上，正常肉有一定的黏性，贴上的纸不容易被揭下；注水肉没有黏性，贴上纸很容易被揭下。

用卫生纸贴在刚切开的新鲜肉的切面上，纸上没有明显的湿润，注水肉则湿润明显。还有一简单方法，取一张薄的纸片捂在肉的切面上，待纸片浸润后，点燃纸片，若纸片起火说明该肉未注水，因为浸湿纸片的是油脂；如纸片不起火，说明该肉曾注水，因为浸湿纸片的是水。

三、怎样鉴别老母猪肉

根据肉品安全管理有关规定，老母猪肉不可直接食用，应作为加工复制原料处理。因为老母猪肉含有危害人体的物质——免疫球蛋白，特别是产仔前的老母猪体内的免疫球蛋白含量更高，食用后易引起贫血、血红蛋白尿、溶血性黄疸等疾病。老母猪在生长及哺乳期间，会使用大量的药物并残留在母猪体内。老母猪肉内含有大量的雌性激素，少年儿童经常食用会影响身体正常发育。

可以从老母猪肉的特征去识别：老母猪肉一般肉体较大，皮糙且厚、肌肉纤维粗、横切面颗粒大。经产母猪皮肤较厚、皮下脂肪少、瘦肉多、骨骼硬而脆、乳腺发达、腹部肌肉结缔组织多，切割时韧性大，俗称"滚刀肉"。

四、如何鉴别鱼是否新鲜

1.看鱼嘴

新鲜鱼嘴紧闭，口内清洁无污物；而新鲜度差的鱼则糊嘴，这是因黏蛋白分解所致。

2.看鱼鳃

新鲜鱼鳃盖紧闭，鳃呈鲜红色，清洁无黏液或臭味；而新鲜度差的鱼

则鳃盖松开、色泽呈暗
灰色。

3. 看鱼眼

新鲜鱼眼睛稍凸，眼
珠黑白分明，眼面明亮、
清洁、无白蒙，而新鲜度
差的鱼则黑眼珠发浑，有
白蒙、眼珠下塌或瞎眼。

4. 看鱼体

新鲜鱼鱼体表面黏液

清洁、透明，略有腥味，
鱼体肉质发硬、结实、有弹性，骨肉不分离，放在水中不沉；新鲜鱼形体
直，鱼肚充实完整，鳞片紧附鱼体，不易脱落；而新鲜度差的鱼则鱼体失去
光泽，黏液增多，黏度加大，出现黄色并有较浓的腥臭味，鱼体变软；肉质
松而无弹性。

五、怎样鉴别熟肉制品的优劣

感官鉴别优劣。好的酱卤肉类制品，外观为完好的自然块，洁净，新鲜
润泽，呈现肉制品应该有的自然色泽。例如，酱牛肉应为酱黄色；叉烧肉表
面为红色，内切面为肉粉色，并具有产品本身的肉香味，无异味。

肠类制品外观应完好无缺，不破损，洁净无污垢，肠体丰满、干爽、有弹性，组织致密，具备该产品应有的香味，无异味。从色泽上看，经过熏制的肉制品一般为棕黄色，并带有烟熏香味。红肠为红曲色，小泥肠为乳白色或米黄色。

对于包装的熟肉制品，要看其外包装是否完好，胀袋的产品不可食用。对于以尼龙或PVDC为肠衣的灌制品，例如市场上销售的西式火腿、肠类产品，在选购时，除了看标签上的成分和日期外，若发现胀气或是与肠体分离的，也属于变质，不要选购。

质量良好的咸肉，表面为红色，切面肉呈鲜红色，色泽均匀，无斑点，肥膘稍有淡黄色或白色，外表清洁，肌肉结实，肥膘较多，肉上无猪毛、真菌和黏液等污物，气味正常，烹调后咸味适口。变质的咸肉，外表呈现灰色，瘦肉为暗红色或褐色，脂肪发黄、发黏，有霉斑或霉层，生虫并有哈喇味，有腐败或氨臭的气味，肉质松弛，失去弹性。

质量良好的腊肉，刀工整齐，薄厚均匀，形状美观，瘦肉紧实有一定硬度、弹性和韧性，无杂质，清洁。皮为金黄色并有光泽，瘦肉红润，肥膘淡黄色，无斑污点。有腊制品的特殊香味，蒸后鲜美爽口。如果有较严重的哈喇味和严重变色的腊肉则不能食用。

六、鸡蛋怎样吃最有营养

鸡蛋吃法多种多样，就营养的吸收和消化率来讲，煮蛋为100%，炒蛋为97%，嫩煎为98%，老炸为81.1%，开水、牛奶冲蛋为92.5%，生吃为30%～50%。因此，煮鸡蛋是最佳的吃法。

不同煮沸时间的鸡蛋，在人体内消化时间是有差异的，"3分钟鸡蛋"

是微熟鸡蛋，最容易消化，约需1小时30分钟；"5分钟鸡蛋"是半熟鸡蛋，在人体内消化时间约2小时；煮沸时间过长的鸡蛋，人体内消化要3小时15分。所以，煮蛋也是有讲究的，若煮不得法，往往会使蛋清熟而蛋

黄不熟；或煮过头了，把鸡蛋煮得开了花，蛋白蛋黄都很硬，也不利于消化吸收。

正确的"5分钟鸡蛋"煮蛋法：鸡蛋于冷水下锅，慢火升温，沸腾后微火煮2分钟。停火后再浸泡5分钟，这样煮出来的鸡蛋蛋清嫩，蛋黄凝固又不老，蛋香味浓，最有益人体营养吸收。

值得注意的是，鸡蛋在烹饪前最好用清水冲洗外壳，这是因为鸡蛋外壳易污染鸡粪。在加工过程中，尤其是半熟状态的鸡蛋可能被鸡粪中的沙门氏菌污染，成为传播沙门氏菌病的祸首。

很多人都习惯将鲜蛋带壳煮熟或蒸熟后，放到冷水中散热，这样一来可以降温，二来有利于剥壳时离皮。但是鸡蛋被加热后，那层阻止细菌通过的蛋壳膜被破坏，这样便使蛋壳通气孔不再对细菌有阻挡作用，细菌极易趁机侵入蛋内。正确的方法是鸡蛋在煮制的过程中，加入少量食盐。食盐既可以杀菌解毒，又能使蛋壳膜和蛋清之间因收缩程度不同而形成一定的空隙，使蛋壳较易剥离。

此外，鸡蛋与豆浆同食会降低两者的营养价值。这是因为豆浆中有一种

特殊物质叫胰蛋白，与蛋清中的卵清蛋白相结合，会造成营养成分的流失。

七、如何科学地饮用牛奶

1.最好晚上喝牛奶

因为牛奶中含有一种能使人产生疲倦欲睡的物质——L-色氨酸，还有微量吗啡类物质，这些物质都有一定的镇静催眠作用。尤其是L-色氨酸，是大脑合成无羟色胺的主要原料，而无羟色胺对大脑睡眠起着关键的作用，并且无任何副作用。牛奶中的钙还能清除紧张情绪，对老年人的睡眠更有益，故晚上喝牛奶有利于人们的休息和睡眠。晚上睡前喝牛奶，牛奶中的钙缓慢的被血液吸收，整个晚上血钙都得到了补充，维持平衡，不必再溶解骨中的钙，防止了骨流失、骨质疏松症。

2.牛奶不宜生喝，加热至温即可

牛奶在100^{0}C时乳糖开始焦化，分解产生乳酸和甲酸，营养价值降低，牛奶久煮颜色变褐，脂香降低、蛋白质变性出现沉淀，维生素也会流失。奶中含有预防婴儿腹泻作用的轮状病毒抗体，也会遭到破坏。

牛奶煮开后稍凉后别加糖，因为牛奶中赖氨酸和果糖在高温下形成果糖赖氨酸，对人体有害。糖属酸性，奶中钙属碱性，两者综合会使钙大量丢失。

3. 不宜空腹喝牛奶

空腹身体处于饥饿状态，需求能量阶段。此时喝牛奶，机体将蛋白质当碳水化合物变成热能而消耗。在胃中停留时间短，很快排泄至肠道，不利于消化吸收。

牛奶不宜和含鞣酸、草酸的食物同食，如浓茶、柚子、柠檬、杨梅、石榴、茭白、菠菜等。因草酸、鞣酸会与蛋白形成沉淀，不宜消化吸收，破坏营养。

八、饮用牛奶应注意什么

牛奶的营养价值很高，但如果不能正确饮用，会对身体带来不良影响，因此，正确饮用牛奶要注意以下几个方面。

1. 不是所有的人都适合喝牛奶

经常接触铅的人、乳糖不耐者、牛奶过敏者、反流性食管炎患者、腹腔和胃切除手术后的患者、肠道易激综合征患者、胆囊炎和胰腺炎患者均不宜喝牛奶。营养学专家说，按含脂量的不同，牛奶分为全脂、半脱脂、脱脂三类，其中全脂牛奶含有牛奶的所有成分，口感好，热量高，适合少年儿童、孕妇和老年人饮用；半脱脂奶是一种大众消费型牛奶，比较适合中年人饮用；而高血压、高血脂、血栓患者、糖尿病患者、肥胖者应饮用脱脂牛奶。

2.饮用牛奶要适量

正常饮用牛奶不会导致蛋白质过量，一袋250毫升的牛奶中含有7~8克蛋白质，仅是人体一天所需蛋白质总量的1/100。成年人每天可饮用250毫升，儿童、青春发育期的小孩、孕妇、乳母、50岁以上的中老年人每天可饮用500毫升；如果每天牛奶饮用量达到500毫升，最好选择低脂或脱脂牛奶，防止脂肪摄入过多。

3.牛奶不能当水喝

牛奶中含有大量水分，但属于高渗性饮料，饮入过多或在出汗、失水过多时饮用，容易导致脱水。此外，由于牛奶中的钙镁离子会和药物生成络合物，因此，用牛奶服药，会影响药效。

4.牛奶应温饮，不宜煮沸

牛奶可以加热后饮用，但不要煮沸。煮沸后，牛奶蛋白质受高温作用会由溶胶状态转变成凝胶状态，钙出现沉淀，造成原本富含的维生素C和其他维生素被破坏，营养价值降低。

5.把握好饮用牛奶"时机"

不要空腹喝牛奶，不要与茶、咖啡一起饮用牛奶，不要在牛奶中添加橘汁或柠檬汁，因为橘汁、柠檬汁中含有果酸，果酸会使牛奶中的蛋白质变性，从而降低蛋白质的营养价值。早上饮用牛奶，应同时吃一些富含淀粉的谷类食物；晚间睡眠不好或比较瘦的人，可以在睡前加喝一杯牛奶。

九、生鲜牛奶能否直接饮用

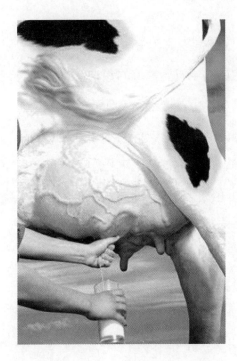

巴氏杀菌乳为什么必须冷藏保存？

生鲜牛奶是指从正常饲养的健康母牛乳房内挤出的奶。生鲜食品中存在一定数量的微生物是自然界的普遍现象。生鲜牛奶营养物质丰富，又是液体状态，比其他固体类食品更适合微生物生长繁衍，即使挤出后立即冷藏保存，也会含有少量微生物，其中不排除有病原微生物。如果不经过加热杀菌处理就直接饮用，可能造成消化道疾病或其他疾病。因此，即使消费者可以获得生鲜牛奶，也一定要煮沸后饮用。

巴氏杀菌乳通常又被称为"鲜"奶，是以生鲜牛乳为原料，经过巴氏杀菌工艺生产的产品。国内生产巴氏杀菌乳常用的工艺为85℃加热10～15秒，其优点在于可以杀灭生鲜牛奶中所有致病菌和绝大部分微生物，同时对生鲜牛奶中的营养物质尤其是蛋白质、维生素的损害很小，是营养价值最高的液态奶产品。但是，经过巴氏杀菌工艺后，牛奶中仍然会存在极少量普通微生物，如果不进行冷藏，这些微生物将迅速生长，使牛奶在1天甚至数小时内变质。因此，巴氏杀菌乳从生产线下来后必须始终处于冷藏状态，这样其保质期可以延长到3～7天。消费者从超市的冷藏柜购买巴氏杀菌乳后，一定要及时将其贮存在冰箱冷藏区。

十、有些人喝牛奶会腹泻是怎么回事

有些人喝牛奶后，会出现肠鸣、腹痛甚至腹泻等现象，主要是由于牛奶中含有乳糖，而乳糖在体内分解代谢需要有乳糖酶的参与，有些人因体内缺乏乳糖酶，使乳糖无法在肠道消化，由此产生不适现象，在医学上称之为"乳糖不耐症"，这是缺乏乳糖酶的正常反应，而不是牛奶的质量问题。乳糖酶缺乏是一个世界性的问题，体内乳糖酶水平一般随年龄增长而降低甚至丧失，乳糖不耐症发生率也随种族和地域而异，在亚洲人中有20%左右的人患有此症状。但是这种症状是可以减轻或消除的。只要坚持饮用，每次少喝一些，由少变多，不要空腹饮用，久而久之可以促进人体产生乳糖酶，改善乳糖不耐症症状。此外，也可以通过食用奶酪、酸奶或低乳糖奶等乳制品，来摄取奶类中蛋白质等营养物。

十一、如何科学地饮用酸奶

一般来说，饭后30分钟到2小时之间饮用酸奶效果最佳。通常状况下，人的胃液的pH在1~3；空腹时，胃液为酸性，pH在2以下，不适合酸奶中活性乳酸菌的生长。饭后2小时左右，人的胃液被稀释，pH会上升到3~5，这时喝酸奶，对吸收其中的营养最有利。

从补钙的角度说，晚上喝酸奶好处更多。因为零时至凌晨，人体血钙含量最低，有利于食物中钙的吸收。同时，这一时间段中人体内影响钙吸收的因素也较少。虽然牛奶中也含有很高的钙，但酸奶中所含的乳酸与钙结合，更能起到促进钙吸收的作用。

第十一章

4 种农副产品的选购

一、如何选购干菜干果

干菜、干果的销售形式有两种，一种是定型包装，另一种是散装。而散装的干菜、干果因为价格相对便宜，买多买少很随意更为消费者接受。但在一些超市的散装干果、干菜区人们会发现，这些散装产品都只有价签，却没有标明生产日期、保质期，购买后现场包装的价签上也只有包装日期，无从得知它真正的生产日期以及生产厂家。消费者只能凭着对超市进货把关的信任度来购买了。

专家建议，消费者购买干果、干菜类产品时尽可能不要购买散装产品，而要选购定型包装的。购买时要注意包装上厂名、生产日期、保质期、食用方法等必须标注的内容是否齐全；购买莲子、开心果、黄花菜等产品时，首先要观察产品的色泽是否异常，再打开包装闻一闻是否有刺鼻的异味；选购竹笋时，尽量不要那些看上去又白又胖的所谓鲜竹笋，尽量以干笋为主。

二、常见食用菌如何选购与存放

1.选购

（1）眼看。主要是看形态和色泽以及有无霉烂、虫蛀现象。①黑木耳

宜选择耳面黑褐色、有光亮感，用水浸泡后耳大肉厚、有弹性的产品。有些黑木耳中夹杂有相互黏裹的拳头状木耳，这主要是在阴雨多湿季节因晾晒不及时而造成的，此类木耳质量较差。还有不法商贩为使产品卖相好干脆用墨汁染木耳，为此选购时可要求用水试泡，如果水变成黑褐色，最好别买。②香菇一般以体圆齐整，杂质含量少，菌伞肥厚，盖面平滑为好。香菇按照菌盖直径大小不同可分一、二、三和普通级四个等级，其中一级品香菇的菌盖直径要在4.0cm以上。③银耳则宜选购耳花大而松散，耳肉肥厚，色泽呈白色或略带微黄的产品，好的银耳蒂头无黑斑或杂质，朵形较圆整，大而美观。如果银耳花朵呈黄色，可能是受潮后烘干的，太黄的银耳可能是陈货，口感较差。

（2）鼻闻。质量好的食用菌应香气纯正自然无异味。若闻起来有刺鼻气味则可能是二氧化硫残留超标的劣质产品，若闻起来有酸味则可能是产品已腐烂变质，不宜食用。

（3）手握。选购干制食用菌时应选择水分含量较少的产品，若含水量过高则不仅压秤，而且不易保存。黑木耳如果握之声脆，扎手，具有弹性，耳片不碎则说明含水量适当，若握之无声，手感柔软则可能含水量过多。香菇若手捏菌柄有坚硬感，放开后菌伞随即膨松如故，则质量较好。

2.存放

（1）干制食用菌在使用前不宜用温水浸泡，否则会破坏产品的口感。

（2）放在通风、透气、干燥、凉爽的地方，避免阳光长时间的照晒。干制食用菌一般都容易吸潮、霉变。因此，应保持产品干燥，如在贮存容器内放入适量的块状石灰或干木炭等作为吸湿剂，可防受潮。

（3）密封贮存。食用菌营养丰富，易氧化变质，可用铁罐、陶瓷缸等易密封的容器装贮，容器应内衬食品袋。并尽量少开容器口，封口时注意排出衬袋内的空气。

（4）独立存放。食用菌大都具有较强的吸附性，要单独贮存，以防串味。

三、食用坚果应注意的问题

1. 核桃

核桃堪称抗氧化之王。核桃中含有精氨酸、油酸、抗氧化物质等对保护心血管，预防冠心病、中风、老年痴呆等大有裨益，但一次不要吃得太多，否则会影响消化。有的人喜欢将核桃仁表面的褐色薄皮剥掉，这样会损失一部分营养，所以不要剥掉这层皮。

2. 开心果

含有单不饱和脂肪酸，可降低胆固醇含量，减少心脏病的发生。吃10粒开心果相当于吃了1.5克单不饱和脂肪酸，但贮藏时间太久的开心果不宜再食用。开心果有很高的热量，血脂高的人应该少吃。

3. 葵花子

每天吃一把葵花子，就能满足人体一天所需的维生素E。葵花子所含的蛋白质可与肉类媲美，尤其是含有精氨酸。常食葵花子对预防冠心病、中风、降低血压，保护血管弹性有一定作用。医学家认为，葵花子能治失眠，增强记忆力，对预防癌症、高血压和神经衰弱有一定作用。

4. 南瓜子

具有杀虫和治疗前列腺疾病的功效。研究发现，每天吃50克左右南瓜子可有效预防前列腺疾病和前列腺癌。南瓜子含有丰富的泛酸，泛酸可以缓解静止性心绞痛，并具有降压作用。但胃热病人宜少食，否则会感到胃腹胀闷。

5. 榛子

榛子中钙、磷、铁含量高于其他坚果。由于营养丰富，味道甘美，自古以来人们就把它作为珍果。榛子性平味甘，有补气、健脾、止泻、明目、驱虫等功效。

6. 杏仁

常食杏仁的冠心病患者，心绞痛发生的概率要比不食者减少50％。杏仁有调节胰岛素与血糖水平的作用，也是糖尿病患者的食疗品之一。杏仁对预防更年期妇女骨质疏松也有一定益处。

7. 松子

松子含有蛋白质、脂肪、糖类，其所含的亚油酸、亚麻酸等是有益于健康的脂肪酸。松子的钙、磷、铁等含量也很丰富，常吃可滋补强身。胆功能不良者应慎食。

8. 花生

科学家发现，花生中含有大量精氨酸及白藜芦醇，前者有潜在抗结核作用，后者能抑制癌细胞浸润与扩散，因此是结核病人及肿瘤患者颇佳的食疗品。但花生衣有增加血小板数量、抗纤维蛋白溶解作用，故高黏血症者宜去皮食用。但过量食用花生会加重胃肠负担，需要引起注意。

9. 腰果

与其他坚果相比，腰果中对人体不利的饱和脂肪酸含量要稍高一些，因此，应避免吃得太多。此外，腰果含有多种过敏原，对于过敏体质的人来说忌食。

四、有机茶、绿色食品茶叶和无公害食品茶叶有什么差别

随着无公害食品行动计划的实施，中国茶叶安全体系基本形成。在这个体系中，包含了不同层次的产品，无公害食品茶是最基本层次的要求，也是市场准入的要求；中间层次是绿色食品茶叶，其标准以目前进入欧盟市场为起点；有机茶是要求最为苛刻的产品，是一种天然、无污染的产品。由于这三个层次的产品发展背景不一样，产品之间有不同之处。

1. 标准不同

无公害食品茶叶的标准由四个标准组成，即《无公害食品·茶叶产地环境条件》《无公害食品·茶叶生产技术规程》《无公害食品·茶叶加工技术规程》和《无公害食品·茶叶》。无公害食品茶叶在生产过程中允许限量、

限品种、限时间使用人工合成的农药、化肥和除草剂，加工时不得使用人工合成的添加剂。绿色食品茶的标准由中国绿色食品发展中心制订，参照了当时欧盟等国家茶叶中农药残留限量标准，绿色食品允许少量使用人工合成的农药、化肥、除草剂产品，允许采用转基因技术，要求生产基地的环境好，重视最终产品质量。有机茶标准是参考联合国食品法典委员会有机食品标准、国际有机运动联合会有机产品的基本原则、欧盟有机食品标准、美国有机食品标准和日本农业标准制订的。有机茶也必须同时符合《有机茶产地环境条件》《有机茶生产技术规程》《有机茶加工技术规程》和《有机茶》4项标准，生产过程禁止使用任何人工合成的农药、化肥、除草剂、添加剂和转基因技术，只能使用有机肥料培肥土壤，采用农业、生物、物理方法控制病虫害，常规茶园必须经2～3年的转换，才能进行有机茶认证。

2. 认证机构和认证方式不同

按国家规定，无公害食品茶叶基地由各地政府检查人员认定，产品由农业部无公害农产品质量安全中心认证。现已制订了无公害食品的标识，并发放使用。认证以基地环境、产品安全检测为主，注重产品的安全性。绿色食品茶由中国绿色食品发展中心认证，各省绿色食品办公室受理申请、检查工作，以实地检查和检测并重的原则认证，重视环境评估，强调文件的完整性。有机茶由经批准获得有机产品认证资格的机构认证，目前中国大多数有机茶是杭州中国质量认证中心、北京中绿华夏有机食品认证中心和南京国环有机食品发展中心认证。认证实行检查员制度，以检查员实地检查为主，以检测手段为辅，重视农事操作、投入物的完整记录，建立质量跟踪控制体系，强调对生产过程的控制。

消费者根据消费需求，可以依次选择无公害食品茶叶、绿色食品茶叶和有机茶。

五、如何鉴别新茶

1. 观色泽

茶叶在贮存过程中，由于受空气中氧气和光的作用，使构成茶叶色泽的一些色素物质发生缓慢的自动分解。如绿茶中叶绿素的分解，使色泽由新茶时的青翠嫩绿逐渐变得黄绿枯灰。绿茶中含量较多的抗坏血酸（维生素C）氧化产生的茶褐素，会使茶汤变得黄褐不清。而对红茶品质影响较大的黄褐素的氧化、分解和聚合，还有茶多酚的自动氧化的结果，都会使红茶由新茶时的乌润变成灰褐。

2. 品滋味

在选购茶叶时，一定要亲口品一品。再好的茶，只有在品尝、对比的过程中才能体现出来。陈茶由于茶叶中酯类物质经氧化后产生了一种易挥发的醛类物质，或不溶于水的缩合物，结果使可溶于水的有效成分减少，从而使滋味由醇厚变得淡薄；同时，又由于茶叶中氨基酸的氧化，使茶叶的鲜爽味减弱而变得滞钝。

3. 闻香气

陈茶由于香气物质的氧化、缩合和缓慢挥发，使茶叶由清香变得低浊。科学分析表明，构成茶叶香气的成分有300多种，主要是醇类、酯类、醛类等特质。它们在茶叶贮藏过程中，既能不断挥发，又会缓慢氧化。因此，随着时间的延长，茶叶的香气就会由浓变淡，香型就会由新茶时的清香馥郁而变得浑浊低闷。

第十二章

3种水产品的鉴别

一、如何保存海鲜

生鲜贝类或冷冻食品，如果不妥善处理保存，很容易变质、腐败。所以，冷冻食品购买回家后，应尽快放入冰箱中贮存。生鲜鱼贝类则须先做适当的前处理，才可放入冰箱中贮存。鱼类的处理方式是先将鳃、内脏和鱼鳞去除，用自来水充分

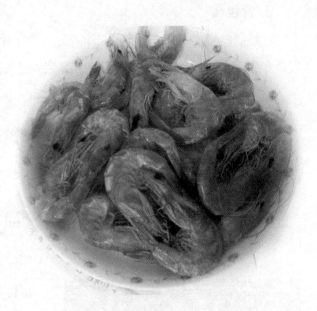

洗净，再根据每餐的用量进行切割分装，最后再依序放入冰箱内贮存。虾仁则先行去除砂筋，洗净后先用干布把虾仁擦干，加入味精及蛋白、马铃薯淀粉、色拉油浆好，放入冰箱加以保存，而带壳的虾只需清洗外表就可冷冻或冷藏。蟹类相同。蚌壳类买回后先以清水洗一次，再放入注满清水及加入一大匙盐的盆内吐出污物。冷冻的扇贝、孔雀贝等可直接送入冷冻或冷藏。

二、如何鉴别水产干货的好坏

1.看颜色

一般来说颜色比较纯正的、有光泽无虫蛀，同时看上去没有其他的杂

质混杂在其中，干而轻的就是比较好的干货产品。干货颗粒整齐、均匀、完整，能够直接反映质量好坏。

2.看包装

正规的产品都有生产厂家的厂名厂址、联系电话、生产日期、保质日期以及产品说明等方面的内容，而且在包装袋内还有产品合格证。

3.闻味道

一定要注意如果散装干货闻起来有异味，质量也就有问题了。

三、如何鉴别甲醛溶液泡发的水产品

1.看

浸泡过甲醛的水产品一般表面会比较坚硬、有光泽、黏液较少，眼睛一般比较浑浊，但体表色泽比较鲜艳，整体看来比较新鲜。

2.闻

使用较高浓度的甲醛溶液浸泡的水产品，带有甲醛（福尔马林）的刺激性气味。

3.摸

使用甲醛溶液泡发过的水产品，尤其是海参，触之手感较硬，而且质地较脆，手捏易碎。

第三篇

会吃的人不生病

　　人类的食物是多种多样的。各种食物所含的营养成分不完全相同，每种食物都至少可提供一种营养物质。除母乳能全面满足0-6月龄婴儿外，任何一种天然食物都不能提供人体所需的全部营养素。平衡膳食必须由多种食物组成，才能满足人体各种营养需求，达到合理营养、促进健康的目的，因而提倡人们广泛食用多种食物。

　　食品安全的最高要求即健康膳食。所谓的健康膳食主要指膳食中所含营养素齐全，数量充足，比例适当，且与人体的需要保持平衡，又不会导致热量过多摄入。

第十三章

平衡膳食10大要素

◆ 食物多样，谷类为主，粗细搭配

◆ 多吃蔬菜水果和薯类

◆ 常吃奶类、大豆或其制品

◆ 常吃适量的鱼、禽、蛋、瘦肉

◆ 减少烹调油用量，吃清淡少盐膳食

◆ 食不过量，天天运动，保持健康体重

◆ 三餐分配要合理，零食要适当

◆ 每天足量饮水，合理选择饮料

◆ 饮酒应限量

◆ 吃新鲜卫生的食物

一、食物多样，谷类为主，粗细搭配

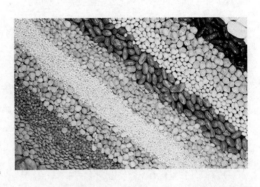

谷类食物是中国传统膳食的主体，是人体能量的主要来源，也是最经济的能源食物。随着经济的发展和生活的改善，人们倾向于食用更多的动物性食物和油脂。根据2002年中国居民营养与健康状况调查的结果，在一些比较富裕的家庭中动物性食物的消费量已超过了谷类的消费量，这类膳食提供的能量和脂肪过高，而膳食纤维过低，对一些慢性病的预防不利。坚持谷类为主，就是为了保持我国膳食的良好传统，避免高能量、高脂肪和糖类膳食的弊端。人们应保持每天适量的谷类食物摄入，一般成年人每天摄入250～400克为宜。

另外要注意粗细搭配，经常吃一些粗粮、杂粮和全谷类食物。每天最好能吃50～100克。稻米、小麦不要研磨得太精，否则谷类表层所含维生素、矿物质等营养素和膳食纤维大部分会流失到糠麸之中。

1. 没有不好的食物，只有不合理的膳食，关键在于平衡

人类需要多种多样的食物，各种各样的食物各有其营养优势。食物没有

好坏之分，但如何选择食物的种类和数量来搭配膳食，却存在着合理与否的问题。在这里，量的概念十分重要。比如说肥肉，其主要营养成分是脂肪，还含有胆固醇，对于能量不足或者能量需要较大的人来说是一种很好的提供能量的食物，但对于已经能量过剩的人来说是不应选择的食物。正是因为人体必需的营养素有40多种，而各种营养素的需要量又各不相同（多的每天需要数百克，少的每日仅是几微克），并且每种天然食物中营养成分的种类和数量也各有不同，所以必须由多种食物合理搭配才能组成平衡膳食。即从食物中获取营养成分的种类和数量应能满足人体的需要而又不过量，使蛋白质、脂肪和糖类提供的能量比例适宜。《中国居民平衡膳食宝塔》就是将五大类食物合理搭配，构成符合我国居民营养需要的平衡膳食模式。

2.关于谷类食物的营养误区

误区1：大米、面粉越白越好

稻米和小麦研磨程度高所产生的大米和面粉比研磨程度低的要白一些，吃起来口感要好一些。特别是20世纪70年代以前，我国粮食供应不太充足，大米和面粉限量供应时，人们称之为"细粮"。其实当时的细粮，加工精度也不高，主要是"九二"米、"八一"面，即100斤糙米出92斤精米，100斤小麦出81斤面粉，统称为"标准米面"。当前粮食供应充足，加工精度高的大米、面粉可满足人们的喜好。但从营养学角度讲，大米面粉并不是越白越好。谷粒由外向内可分为谷皮、糊粉层、谷胚和胚乳四个部分，其营养成分不尽相同。最外层的谷皮由纤维素和半纤维素组成，其中还含有矿物质；糊粉层紧靠着谷皮，含有蛋白质和B族维生素；谷胚是谷粒发芽的地方，含有丰富的B族维生素和维生素E，而且还有脂肪、蛋白质、碳水化合物和矿物质；胚乳是谷粒的中心部分，主要成分是淀粉和少量蛋白质。因此，糙米和全麦粉营养价值比较高。如果加工过细，谷粒的糊粉层和谷皮被去掉太多，甚至全部被去掉，成为常说的精米精面，就损失了大量营养素，特别是B族维生素和矿物质。在农村地区，食物种类比较少时，更应避免吃加工过精的大米白面，以免造成维生素和矿物质缺乏，尤其是维生素B_1缺乏引起的"脚气病"。

误区2：吃碳水化合物容易发胖

近年来，很多人认为富含碳水化合物类食物，如米饭、面制品、马铃薯等会使人发胖，这是不正确的。造成肥胖的真正原因是能量过剩。在碳水化合物、蛋白质和脂肪这三类产能营养素中，脂肪比碳水化合物更容易造成能量过剩。1克碳水化合物或蛋白质在体内可产生约17千焦（4千卡）能量，而1克脂肪则能产生约38千焦（9千卡）能量，也就是说同等重量的脂肪约是碳水化合物提供能量的2.2倍。另外相对于碳水化合物和蛋白质，富含脂肪的食物口感好，能刺激人的食欲，使人容易摄入更多的能量。动物实验表明，低脂膳食摄入很难造出肥胖的动物模型。从不限制进食的人群研究也发现，当提供高脂肪食物时，受试者需要摄入较多的能量才能满足他们食欲的要求；而提供高碳水化合物低脂肪食物时，则摄入较少能量就能使食欲满足。因此进食富含碳水化合物的食物，如米面制品，不容易造成能量过剩使人

发胖。

误区3：主食吃得越少越好

米饭和面食含碳水化合物较多，摄入后可变成葡萄糖进入血液循环并生成能量。很多人为了减少高血糖带来的危害，往往想到去限制主食的摄入量。特别是美国阿特金斯教授提出低碳水化合物可快速减肥，有一段时间就流行一种不含高碳水化合物的减肥膳食"理论"。另外，有一些女性为了追求身材苗条，也很少吃或几乎不吃主食。

碳水化合物是人体不可缺少的营养物质，在体内释放能量较快，是红细胞唯一可利用的能量，也是神经系统、心脏和肌肉活动的主要能源，对构成机体组织、维持神经系统和心脏的正常功能、增强耐力、提高工作效率都有重要意义。正常人合理膳食的碳水化合物提供能量比例应达到55%～65%。过去医生给糖尿病患者推荐的膳食中，碳水化合物提供的能量仅占总能量的20%，使患者长期处于半饥饿状态，这对病情控制不利。随着科学研究的深入，现在已改变了这种观点，对糖尿病患者逐步放宽碳水化合物的摄入量。目前在碳水化合物含量相同的情况下，更强调选择生糖指数低的食物。

前些年在美国流行阿特金斯低碳水化合物的减肥膳食，在起初阶段就可快速减轻体重的原因是加快了体内水分的流失，但其后这种膳食减少体内脂肪的作用与其他低能量膳食没有差别。这种减肥膳食有更明显的副作用，可导致口臭，容易腹泻、疲劳和肌肉痉挛，更重要的是增加了患心血管疾病的危险，使糖尿病患者更容易发生并发症。

许多人认为碳水化合物是血糖的唯一来源，而不了解蛋白质、脂肪等非糖物质在体内经糖异生途径也可转变为血糖，所以他们严格限制主食，并大量食用高蛋白质及高脂肪的食物，盲目鼓励吃动物性食物。这种做法只注意到即时血糖效应，而忽略了总能量、脂肪摄入量增加的长期危害。因此，将这个备受争议的减肥膳食模式盲目用于正常人，是不正确的，会产生很大的负面作用。

无论是碳水化合物还是蛋白质和脂肪，摄入过多，都会变成脂肪在体内储存。食物碳水化合物的能量在体内易被利用，食物脂肪更易转变为脂肪储存。近年来我国肥胖和糖尿病发病率明显上升，最主要的原因就是人们多吃少动的生活方式，并不是粮食吃得多，而是其他食物特别是动物性食物和油脂吃得太多了。近20年我国城乡居民的主食消费呈明显下降趋势，2002年城乡居民谷类食物比1982年和1992年分别下降21%和10%。而肥胖和糖尿病发病最高的大城市居民谷类食物摄入量最少，提供能量只占总能量的41%。因此简单地将我国糖尿病和肥胖患者增多归因于粮食吃得多了是不正确的。

二、多吃蔬菜水果和薯类

新鲜蔬菜水果是人类平衡膳食的重要组成部分，也是我国传统膳食重要特点之一。蔬菜水果是维生素、矿物质、膳食纤维和植物化学物质的重要来源，水分多、能量低。薯类含有丰富的淀粉、膳食纤维以及多种维生素和矿物质。富含蔬菜、水果和薯类的膳食对保持身体健康，保持肠道正常功能，提高免疫力，降低患肥胖、糖尿病、高血压等慢性疾病风险具有重要作用，所以近年来各国膳食指南都强调增加蔬菜和水果的摄入种类和数量。推荐我国成年人每天吃蔬菜300～500克，最好深色蔬菜约占一半，水果200～400克，并注意增加薯类的摄入。

1.什么是深色蔬菜

蔬菜根据颜色深浅可分为深色蔬菜和浅色蔬菜，深色蔬菜的营养价值一般优于浅色蔬菜。深色蔬菜指深绿色、红色、橘红色、紫红色蔬菜，富含胡萝卜素、钙、铁、维生素B_2等，尤其β–胡萝卜素，是中国居民维生素A的主要来源。此外，深色蔬菜还含有其他多种色素物质如叶绿素、叶黄素、番茄红素、花青素等，以及其中的芳香物质，它们赋予蔬菜特殊的丰富的色彩、风味和香气，有促进食欲的作用，并呈现一些特殊的生理活性。

常见的深绿色蔬菜：菠菜、油菜、冬寒菜、芹菜叶、蕹菜（空心菜）、莴笋叶、芥菜、西蓝花、西洋菜、小葱、茼蒿、韭菜、萝卜缨等。

常见的红色橘红色蔬菜：西红柿、胡萝卜、南瓜、红辣椒等。

常见的紫红色蔬菜：红苋菜、紫甘蓝、蕺菜等。

2.蔬菜与水果不能相互替换吗

尽管蔬菜和水果在营养成分和健康效应方面有很多相似之处，但它们毕竟是两类不同的食物，其营养价值各有特点。一般来说，蔬菜品种远远多于水果，而且多数蔬菜（特别是深色蔬菜）的维生素、矿物质、膳食纤维和植物化学物质的含量高于水果，故水果不能代替蔬菜。在膳食中，水果可补充蔬菜摄入的不足。水果中的碳水化合物、有机酸和芳香物质比新鲜蔬菜多，且水果食用前不用加热，其营养成分不受烹调因素的影响，故蔬菜也不能代替水果。推荐每餐有蔬菜，每日吃水果。

3.薯类有哪些营养特点

常见的薯类有甘薯（又称红薯、白薯、山芋、地瓜等），马铃薯（又称土豆、洋芋）、木薯（又称树薯、木番薯）和芋薯（芋头、山药）等。

甘薯蛋白质含量一般为1.5%，其氨基酸组成与大米相似，脂肪含量仅为0.2%，碳水化合物含量高达25%。甘薯中胡萝卜素、维生素B₁、维生素B₂、维生素C、烟酸含量比谷类高，红心甘薯中胡萝卜素含量比白心甘薯高。甘薯中膳食纤维的含量较高，可促进胃肠蠕动，预防便秘。

马铃薯在我国种植广泛，作为薯类食物的代表受到大众的喜爱。马铃薯含淀粉达17%，维生素C含量和钾等矿物质的含量也很丰富，既可做主食，也可当蔬菜食用。

木薯含淀粉较多，但蛋白质和其他营养素含量低，是一种优良的淀粉生产原料。木薯植株各部分都含有氢氰酸，食用前必须去毒。

薯类干品中淀粉含量可达80%左右，而蛋白质含量仅约5%，脂肪含量约0.5%，具有控制体重、预防便秘的作用。

由于薯类蛋白质含量偏低，儿童长期过多食用，对其生长发育不利。

三、常吃奶类、大豆或其制品

奶类营养成分齐全，组成比例适宜，容易消化吸收。奶类除含丰富的优质蛋白质和维生素外，含钙量较高，且利用率也很高，是膳食钙质的极好来源。大量的研究表明，儿童、青少年饮奶有利于其生长发育，增加骨密度，从而推迟其成年后发生骨质疏松的年龄；中老年人饮奶可以减少骨质丢失，有利于骨健康。2002年中国居民营养与健康状况调查结果显示，我国城乡居民钙摄入量仅为389毫克/标准人日，不足推荐摄入量的一半；奶类制品摄入量为27克/标准人日，仅为发达国家的5%左右。因此，应大大提高奶类的摄入量，建议每人每天饮奶300克或相当量的奶制品，对于饮奶量更多或有高血脂和超重肥胖倾向者应选择减脂、低脂、脱脂奶及其制品。

大豆含丰富的优质蛋白质、必需脂肪酸、B族维生素、维生素E和膳食纤维等营养素，且含有磷脂、低聚糖，以及异黄酮、植物固醇等多种植物化学物质。大豆是重要的优质蛋白质来源。为提高农村居民的蛋白质摄入量及防止城市居民过多消费肉类带来的不利影响，应适当多吃大豆及其制品，建议每人每天摄入30～50克大豆或相当量的豆制品。

1. 脱脂奶或低脂奶适用于哪些人

脱脂奶和低脂奶是原料奶经过脱脂工艺，使奶中脂肪含量降低的奶制品。全脂奶的脂肪含量为3%左右，低脂奶脂肪含量为0.5%～2%，脱脂奶中脂肪含量低于0.5%。脱脂奶和低脂奶大大降低了脂肪和胆固醇的摄入量，同时又保留了牛奶的其他营养成分，适合于肥胖人群，以及高血脂、心血管疾病和脂性腹泻患者等要求低脂膳食的人群，也适合于喝奶较多的人群。

2. 每日喝多少奶合适

2002年中国居民营养与健康状况调查结果显示，我国居民标准人日的钙摄入量为389毫克，仅为膳食参考摄入量的一半。为了改善我国居民钙营养状况，建议每人每天饮奶300克，也可食用其他相当量的奶制品，能获得约300毫克钙，加上其他食物中的钙，基本能够满足人体钙的需要。同时奶及奶制品还可以提供蛋白质、其他矿物质和维生素等营养物质，维持机体良好的健康状态。有条件者可以多饮用些奶或奶制品来保证钙的充足摄入。

3. 乳糖不耐受者怎样喝奶

我国居民中乳糖不耐受者比例较高，乳糖不耐受者可首选低乳糖奶及奶制品，如酸奶、奶酪、低乳糖奶等。

乳糖不耐受者应避免空腹饮奶。空腹时牛奶在胃肠道通过的时间短，其中的乳糖不能很好被小肠吸收而较快进入大肠，加重了乳糖不耐受症状。建议首先不要空腹饮奶，可以在正餐饮奶，也可以在餐后1～2小时内饮奶。其次要合理搭配食物，建议饮奶时注意和固体食物搭配食用。再次要少量多次饮奶，建议一天饮奶量分2～3次饮用，然后逐渐增加。

4. 为什么喝豆浆必须煮透

大豆含有一些抗营养因子，如胰蛋白酶抑制因子、脂肪氧化酶和植物红细胞凝集素，喝生豆浆或未煮开的豆浆后数分钟至1小时，可能引起中毒，出现恶心、呕吐、腹痛、腹胀和腹泻等胃肠症状。这些抗营养因子都是遇热不稳定的，通过加热处理即可消除。所以生豆浆必须先用大火煮沸，再改用文火维持5分钟左右，使这些有害物质被彻底破坏后才能饮用。

四、常吃适量的鱼、禽、蛋、瘦肉

鱼、禽、蛋和瘦肉均属于动物性食物，是人类优质蛋白、脂类、脂溶性维生素、B族维生素和矿物质的良好来源，是平衡膳食的重要组成部分。动物性食物中蛋白质不仅含量高，而且氨基酸组成更适合人体需要，尤其是富含赖氨酸和蛋氨酸，若与谷类或豆类食物搭配食用，可明显发挥蛋白质互补作用；但动物性食物一般都含有一定量的饱和脂肪和胆固醇，摄入过多可能增加患心血管病的危险性。

鱼类脂肪含量一般较低，且含有较多的多不饱和脂肪酸，有些海产鱼类富含二十碳五烯酸（EPA）和二十二碳六烯酸（DHA），对预防血脂异常和心脑血管病等有一定作用。禽类脂肪含量也较低，且不饱和脂肪酸含量较高，其脂肪酸组成也优于畜类脂肪。蛋类富含优质蛋白质，各种营养成分比较齐全，是很经济的优质蛋白质来源。畜肉类一般含脂肪较多，能量高，但瘦肉脂肪含量较低，铁含量高且利用率好。肥肉和荤油为高能量和高脂肪食物，摄入过多往往会引起肥胖，并且是某些慢性病的危险因素，应当少吃。

目前我国部分城市居民食用动物性食物较多,尤其是食入猪肉过多，应调整肉食结构，适当多吃鱼、禽肉，减少猪肉摄入。相当一部分城市和多数农村居民平均吃动物性食物的量还不够，应适当增加。推荐成人每日摄入量：鱼虾类75～100克，畜禽肉类50～75克，蛋类25～50克。

1.如何选择动物性食品

鱼、禽、蛋、肉是一类营养价值很高的食物，其中每类食物所含的营养成分都有各自的特点，因此需合理选择，充分利用。

鱼、禽类即西方国家所称的"白肉"，与畜肉比较，脂肪含量相对较低，不饱和脂肪酸含量较高，特别是鱼类，含有较多的多不饱和脂肪酸，对预防血脂异常和心脑血管疾病等具有重要作用，因此宜作为首选食物。

目前我国居民肉类摄入仍然以猪肉为主，平均每日摄入量为50.8克，占畜、禽肉总量的64.6％。由于猪肉的脂肪含量较高，饱和脂肪酸较多，不利于心脑血管病、超重、肥胖等疾病的预防，因此应降低其摄入比例。瘦肉中脂肪含量相对较低，因此提倡吃瘦肉。蛋类的营养价值较高，蛋黄中维生素和矿物质含量丰富，且种类较为齐全，所含卵磷脂具有降低血胆固醇的作用。但蛋黄中的胆固醇含量较高，不宜过多食用，正常成人每日可吃一个（鸡）蛋。

动物肝脏中脂溶性维生素、B族维生素和微量元素含量丰富，适量食用可改善我国居民维生素A、维生素B_2等营养欠佳的状况。但脑、肾、大肠等含有大量胆固醇和饱和脂肪酸，大量食用有升高血脂的危险。

2.合理烹调鱼、禽、蛋和瘦肉

烹调是通过加热和调制，将食物原料制成菜肴的操作过程。

蛋类经常采用的烹调方法是煮、炒、蒸等，在加工过程中营养素损失得不多。但是蛋类不宜过度加热，否则会使蛋白质过分凝固，甚至变硬变韧，影响口感及消化吸收。

鱼类和其他水产动物常采用的烹调方法有煮、蒸、烧、炒、熘等。煮对蛋白质起部分水解作用，对脂肪影响不大，但会使水溶性维生素和矿物质溶于水中，因此汤汁不宜丢弃。蒸时食物与水接触比煮要少，所以可溶性营养素的损失也比较少。烧有红烧、白烧、干烧之分，对营养素的影响与水煮相似。

畜、禽肉的烹调方法较多，如炒、烧、爆、炖、蒸、熘、焖、炸、熏、煨等。炒的方法在我国使用最为广泛，其中滑炒和爆炒在炒前一般要挂糊上浆，对营养素有保护作用。炖是对某些老、韧、硬的原料用慢火长时间进行加热，使食物酥烂脱骨、醇浓肥香的一种烹调方法。焖也是采用小火长时间加热使原料成熟的方法。在炖和焖的加工过程中，可使蛋白质轻微变性，纤维软化，胶原蛋白变为可溶性白明胶，使人体更易消化吸收，但由于加工过程中加热时间较长，使一些对热不稳定的维生素如维生素B_1、维生素B_2等破坏增多。

食物在烹调时遭到的损失是不可能完全避免的，但如果采取一些保护性措施，则能使菜肴保存更多的营养素。如用淀粉或鸡蛋上浆挂糊，不但可使原料中的水分和营养素不致大量溢出，减少损失，而且不会因高温使蛋白质过度变性、维生素大量分解破坏。又如加醋，有的维生素有耐酸不耐碱的特性，因此在菜肴中放些醋也可起到保护这些维生素的作用。醋还能使原料中的钙溶出，增加钙的吸收。在食物制作中尽量避免油炸和烟熏。

五、减少烹调油用量，吃清淡少盐膳食

脂肪是人体能量的重要来源之一，并可提供必需脂肪酸，有利于脂溶性维生素的消化吸收，但是脂肪摄入过多容易引起肥胖、高血脂、动脉粥样硬化等多种慢性疾病。膳食盐的

奶奶！炒菜要少放盐哦！

摄入量过高与高血压的患病率密切相关。2002年中国居民营养与健康状况调查结果显示，我国城乡居民平均每天摄入烹调油42克，已远高于1997年《中国居民膳食指南》的推荐量25克。每天食盐平均摄入量为12克，是世界卫生组织建议值的2.4倍，同时相关慢性疾病患病率迅速增加。与1992年相比，成年人超重上升了39%，肥胖上升了97%，高血压患病率增加了31%。食用油和食盐摄入过多是我国城乡居民共同存在的营养问题。

为此，建议我国居民应养成吃清淡少盐膳食的习惯，即膳食不要太油腻，不要太咸，不要摄食过多的动物性食物和油炸、烟熏、腌制食物。建议每人每天烹调油用量为25～30克；食盐摄入量不超过6克，包括酱油、酱菜、酱中的食盐量。

1. 每天25～30克烹调油能做出美味佳肴吗

逐渐富裕起来的我国居民，似乎已经习惯于无节制地用烹调油烹制食物，我国居民平均每标准人日烹调油消费量为41.6克，其中植物油32.9克，动物油8.7克。农村和城市总消费量相差不大，农村居民动物油消费量高于城市。大城市居民烹调油高于平均量。城市和农村植物油20年间消费量增加了20克以上。

每天25～30克烹调油使习惯于大量用油的人捉襟见肘，建议用以下方法使有限的烹调油烹制出美味佳肴：

（1）合理选择有利于健康的烹调方法，是减少烹调油的首选方法。烹调食物时尽可能不用烹调油或用很少量烹调油的方法，如蒸、煮、炖、焖、软熘、拌、急火快炒等。用煎的方法代替炸也可减少烹调油的摄入。

（2）坚持家庭定量用油，控制总量。可将全家每天应该食用的烹调油倒入一量具内，炒菜用油均从该量具内取用。逐步养成习惯，久之，培养成自觉的行为，对防治慢性疾病大有好处。

2. 一天吃多少食盐合适

人体需要的钠主要从食物和饮水中来，食盐、酱油、味精、酱和酱菜、腌制食品等都可以提供较多的钠，肉类和蔬菜也可以提供少部分钠。正常成人每天钠需要量为2200毫克，我国成人一般日常所摄入的食物本身大约含有钠1000毫克，需要从食盐中摄入的钠为1200毫克左右。因此，在每天食物的基础上，摄入3克食盐就基本上达到人体钠的需要，但

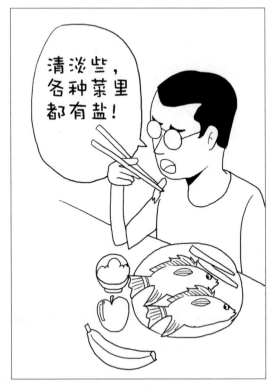

由于人们的膳食习惯和口味的喜爱，盐的摄入都远远超过3克的水平。

2002年中国居民营养与健康状况调查资料显示，我国居民平均每标准人日食盐的摄入量为12克，城市10.9克，农村12.4克。酱油平均为8.9克，城市10.6克，农村8.2克。虽然比1992年略有下降，但远高于6克食盐的建议量，引发慢性病的危险性仍然存在。

中国营养学会建议健康成年人一天食盐（包括酱油和其他食物中的食盐量）的摄入量是6克，虽然世界卫生组织在2006年提出了每人每日5克的建议，但鉴于我国居民食盐实际摄入量与目前6克的建议值有较大差距，因此仍然维持目前建议值。

3. 如何减少食盐摄入量

首先要自觉纠正口味过咸而过量添加食盐和酱油的不良习惯，对每天食

盐摄入采取总量控制，用量具量出，每餐按量放入菜肴。一般20毫升酱油中含有3克食盐，10克黄酱含盐1.5克，如果菜肴需要用酱油和酱类，应按比例减少其中的食盐用量。

习惯过咸味食物者，为满足口感的需要，可在烹制菜肴时放少许醋，提高菜肴的鲜香味，帮助自己适应少盐食物。

烹制菜肴时如果加糖会掩盖咸味，所以不能仅凭品尝来判断食盐是否过量,应该使用量具更准确。此外，还要注意减少酱菜、腌制食品以及其他过咸食品的摄入量。

六、食不过量，天天运动，保持健康体重

每天禽和鱼虾100克，蛋类25克，豆和豆制品30克，奶和奶制品300克，油脂25克。具体到每个人来讲，由于自身生理条件和日常生活工作的活动量不同，能量需要因人而异。体重是判定能量平衡的最好指标，每个人应根据自身体重及变化适当调整食物的摄入，各类食物的摄入同样应该考虑合理的比例。

1.胖子是一口口吃出来的

俗话讲"一口吃不成胖子"，但一口一口累计起来，胖子就可能吃出来了。从体重增加发展到肥胖往往要经历一个较长的时间，这种变化必然建立在能量摄入大于消耗的基础之上，但是其中的差距并一定很大。中国疾病预防控制中心营养与食物安全所在全国八个省进行的一项研究中发现，每天仅仅增加摄入不多的能量，相当于米饭40克、水饺25克(2～3个饺子)、烹调油5克，累计起来，一年大约可以增加体重1千克，10～20年下来，一个体重在正

常范围内的健康人就可以变成肥胖患者。因此，预防不健康的体重增加要从控制日常的饮食量做起，从少吃"一两口"做起。这样每天减少一点能量摄入，长期坚持才有可能控制住这种体重上升的趋势。另一方面，人们也应增加各种消耗能量的活动来保持能量的平衡。

应该认识到，预防肥胖是人类在21世纪面临的一个艰巨挑战，需要综合多方面的措施才有可能奏效。对于容易发胖的人，特别强调适度限制进食量，不要完全吃饱，更不能吃撑，最好在感觉还欠几口的时候就放下筷子。此外还应注意减少高脂肪、高能量食物的摄入，多进行体力活动和锻炼。

2.健康成年人的适宜身体活动量是多少

每个人的体质不同，所能承受的运动量不同；个人的工作性质和生活习惯不同，在选择运动时间、内容、强度和频度时也可以有不同的选择。每天的运动可以分为两部分：一部分是包括工作、出行和家务这些日常生活中消耗较多体力的活动，另一部分是体育锻炼活动。

养成多动的生活习惯，每天都有一些消耗体力的活动，是健康生活方式中必不可少的内容。用家务、散步等活动来减少看电视、打牌等久坐少动的时间，上下楼梯、短距离走路或骑车、搬运物品、清扫房间都可以增加能量消耗，有助于保持能量平衡。

降低发生心血管病等慢性疾病的风险，需要更多的运动，可以是达到中等强度的日常活动，也可以是体育锻炼。每次活动应达到相当于中速步行1000步以上的活动量，每周累计约20 000步活动量。运动锻炼应量力而行，体质差的人活动量可以少一点；体质好的人，可以增加运动强度和运动量。根据能量消耗量，骑车、跑步、游泳、打球、健身器械练习等活动都可以转换为相当于完成1000步的活动量。完成相当于1000步活动量，强度大的活动内容所需的时间更短，心脏所承受的锻炼负荷更大。不论运动强度和内容，适当多活动消耗更多的能量，对保持健康体重更有帮助。建议每天累计各种活动，达到相当于6000步的活动量，每周约相当于40 000步活动量。

3.如何掌握适宜的运动强度

每个人体质不同，所能承受的运动负荷也不同，找到适合自己的活动强度和活动量，锻炼才会更加安全有效。更有效地促进健康需要进行中等强度的活动，如快走、上楼、擦地等，每次活动应在1000步活动量或10分钟以上。根据自己的感觉判断运动强度，中等强度活动时，你会感觉到心跳和呼吸加快，用力但不吃力；可以随着呼吸的节奏连续说话，但不能唱歌。

一般健康人还可以根据运动时心率来控制运动强度，如通过运动后即刻计数脉搏10秒，再乘以6得出。中等强度的运动心率一般应达到150-年龄（次/分钟），除了体质较好者，运动心率不宜超过170-年龄（次/分钟）。如果你40岁，那么你运动时的心率应控制在110～130次/分钟。对于老年人，这种心率计算不一定适用，应根据自己的体质和运动中的感觉来确定强度。

4.运动时应该注意的安全事项

如果你日常很少活动，岁数在中年以上，锻炼前应做必要的健康检查。冠心病、糖尿病、高血压、骨质疏松、骨关节病等患者参加锻炼应咨询医生。

每次锻炼前应先做些伸展活动，锻炼开始应逐渐增加用力；根据天气和身体情况调整当天的运动量；运动后不要立即停止活动，应逐渐放松；步行、跑步应选择安全平整的道路，穿合适的鞋袜；肌肉力量锻炼避免阻力负荷过重，应隔日进行；运动中出现持续加重的不适感觉，应停止运动，及时就医。

5.控制体重——应当减少能量摄入和增加身体活动并重

培养良好的饮食行为和运动习惯是控制体重或减肥的必需措施。对于肥胖的人，饮食调整的原则是在控制总能量摄入的基础上平衡膳食。能量摄入一般每天建议减少1256～2093千焦（300～500千卡），严格控制油脂和精制糖，适量控制精白米面和肉类，保证蔬菜水果和牛奶的摄入。运动可以减轻体重、减少身体脂肪，建议超重或肥胖的人每天累计达到8000到10 000步活动量，其中包括每周2～3次抗阻力肌肉锻炼，隔日进行，每次20分钟。

6.合理安排一日三餐的时间及食量

进餐定时定量。早餐提供的能量应占全天总能量的25%～30%，午餐应占30%～40%，晚餐应占30%～40%，可根据职业、劳动强度和生活习惯进行适当调整。一般情况下，早餐安排在6:30-8:30，午餐在11:30-13:30，晚餐在18:00-20:00进行为宜。要天天吃早餐并保证其营养充足，午餐要吃好，晚餐要适量。不暴饮暴食，不经常在外就餐，尽可能与家人共同进餐，并营造轻松愉快的就餐氛围。零食作为一日三餐之外的营养补充，可以合理选用，但来自零食的能量应计入全天能量摄入之中。

七、三餐分配要合理，零食要适当

1.应天天吃早餐并保证营养充足

早餐作为一天的第一餐，对膳食营养摄入、健康状况以及工作或学习效率至关重要。不吃早餐，容易引起能量及其他营养素的不足，降低上午的工作效率。研究表明，儿童不吃早餐导致的能量和营养素摄入的不足很难从午餐和晚餐中得到充分补充，所以每天都应该吃早餐，并且要吃好早餐，从而保证摄入充足的能量和营养素。早餐距离前一晚餐的时间最长，一般在12小时以上，体内储存的糖原已消耗殆尽，应及时补充，以免出现血糖过低。血糖浓度低于正常值会出现饥饿感，大脑的兴奋性随之降低，反应迟钝，注意力不能集中，影响工作或学习效率。

食物中的供能营养素是维持血糖水平的主要来源，蛋白质、脂肪和碳水化合物的供能比例接近1∶0.7∶5的早餐，能很好地发挥碳水化合物在餐后快速提升血糖作用，同时又利用了蛋白质和脂肪维持进餐2小时后血糖水平的功能，两者互补，使整个上午的血糖维持在稳定的水平，来满足大脑对血糖供给的要求，对保证上午的工作和学习效率具有重要意义。

早餐的食物应种类多样、搭配合理。可以根据食物种类的多少来快速评价早餐的营养是否充足。如果早餐中包括了谷类、动物性食物（肉类、蛋）、奶及奶制品、蔬菜和水果等4类食物，则为早餐营养充足；如果只包括了其中3类，则早餐的营养较充足；如果只包括了其中2类或以下则早餐的营养不充足。

早晨起床半小时后吃早餐比较适宜。成年人早餐的能量应为2930千焦（700千卡）左右，谷类为100克左右，可以选择馒头、面包、麦片、面条、豆包、粥等，适量的含优质蛋白质的食物，如牛奶、鸡蛋或大豆制品，再加上100克的新鲜蔬菜和100克的新鲜水果。不同年龄、劳动强度的个体所需要的能量和食物量不同，应根据具体情况加以调整。

2. 午餐要吃好

经过上午紧张的工作或学习，从早餐获得的能量和营养不断被消耗，需要进行及时补充，为下午的工作或学习生活提供能量。因此，午餐在一天三餐中起着承上启下的作用。午餐提供的能量应占全天所需总能量的30%～40%，以每日能量摄入9209千焦(2200千卡)的人为例，主食的量应在125克左右，可在米饭、面食（馒头、面条、麦片、饼、玉米面发糕等）中选择；按照均衡营养的原则从肉、禽、豆类及其制品、水产品、蔬菜中挑选几种进行搭配，可选择动物性食品75克，20克大豆或相当量的制品，150克蔬菜，100克水果，从而保证午餐中维生素、矿物质和膳食纤维的摄入。

3.晚餐要适量

晚餐与次日早餐间隔时间很长，所提供能量应能满足晚间活动和夜间睡眠的能量需要，所以晚餐在一日中也占有重要地位。晚餐提供的能量应占全天所需总能量的30%～40%，晚餐谷类食物应在125克左右，可在米面食品中多选择富含膳食纤维的食物如糙米、全麦食物。这类食物既能增加饱腹感，又能促进肠胃蠕动。另外，可选择动物性食品50克，20克大豆或相当量的制

品，150克蔬菜，100克水果。

不少城市家庭，生活节奏紧张，白天忙于工作、学习，晚上全家团聚。晚餐过于丰盛、油腻，会延长消化时间，导致睡眠不好。有研究表明，经常在晚餐进食大量高脂肪、高蛋白质食物，会增加患冠心病、高血压等疾病的危险性。

如果晚餐摄入食物过多，血糖和血中氨基酸的浓度就会增高，从而促使胰岛素分泌增加。一般情况下，人们在晚上活动量较少，能量消耗低，多余的能量在胰岛素作用下合成脂肪储存在体内，会使体重逐渐增加，从而导致肥胖。此外，晚餐吃得过多，会加重消化系统的负担，使大脑保持活跃，导致失眠、多梦等。因此，晚餐一定要适量，以脂肪少、易消化的食物为宜。

从事夜间工作或学习的人，对能量和营养素的需要增加。如果晚上工作或学习到深夜，晚饭到睡眠的时间间隔往往在5～6小时或者更长。在这种情况下，一方面要保证晚餐的营养摄入，要吃饱，不宜偏少；另一方面，还要适量吃些食物，以免营养摄入不足，影响工作和学习效率。一杯牛奶，几片饼干，或一个煮鸡蛋，一块点心等，都可以补充一定的能量和营养。

4. 合理选择零食

零食是指非正餐时间所吃的各种食物。我国城市儿童和青少年爱吃零食，多数成年人也喜欢吃零食。合理有度的吃零食既是一种生活享受，又可以提供一定的能量和营养素，特殊情况下还可起到缓解紧张情绪的作用。因此，不能简单认为吃零食是一种不健康的行为。

零食作为一日三餐之外的食物，可以补充摄入机体所需的能量和营养素。所以，零食提供的能量和营养是全天膳食营养摄入的一个组成部分，在评估能量和营养摄入时应计算在内，不可忽视。但是，零食所提供的能量和营养素不如正餐全面、均衡，所以吃零食的量不宜过多。有些人特别注意控制正餐时的食物量和能量摄入，而常常忽视来自零食的能量，在聊天、看电视或听音乐时往往不停地吃零食，结果不知不觉中摄入了较多的能量。

合理选择零食，要遵循以下原则：①根据个人的身体情况及正餐的摄入状况选择适合的个人零食，如果三餐能量摄入不足，可选择富含能量的零食加以补充；对于需要控制能量摄入的人，含糖或含脂肪较多的食品属于限制选择的零食，应尽量少吃；如果三餐蔬菜、水果摄入不足，应选择蔬菜、水果作为零食。②一般说来，应选择营养价值高的零食，如水果、奶制品、坚果等，所提供的营养素，可作为正餐之外的一种补充。

合理选择零食

③应选择合适的时间。两餐之间可适当吃些零食，以不影响正餐食欲为宜。晚餐后2～3小时也可吃些零食，但睡前半小时不宜再进食。④零食的量不宜太多，以免影响正餐的食欲和食量；在同类食物中可选择能量较低的，以免摄入的能量过多。

八、每天足量饮水，合理选择饮料

水是膳食的重要组成部分，是一切生命必需的物质，在生命活动中发挥着重要功能。体内水的来源有饮水、食物中含的水和体内代谢产生的水。水的排出主要通过肾脏，以尿液的形式排出，其次是经肺呼出、经皮肤和随粪便排出。进入体内的水和排出来的水基本相等，处于动态平衡。水的需要量主要受年龄、环境温度、身体活动等因素的影响。一般来说，健康成人每天需要水2500毫升左右。在温和气候条件下生活的轻体力活动的成年人每日最少饮水1200毫升。在高温或强体力劳动的条件下，应适当增加。饮水不足或过多都会对人体健康带来危害。饮水应少量多次，要主动，不要感到口渴时再喝水。饮水最好选择白开水。

饮料多种多样，需要合理选择，如乳饮料和纯果汁饮料含有一定量的营养素和有益膳食成分，适量饮用可以作为膳食的补充。有些饮料添加了一定的矿物质和维生素，适合热天户外活动和运动后饮用。有些饮料只含糖和香精香料，营养价值不高。多数饮料都含有一定量的糖，大量饮用特别是含糖量高的饮料，会在不经意间摄入过多能量，造成体内能量过剩。另外，饮后如不及时漱口刷牙，残留在口腔内的糖会在细菌作用下产生酸性物质，损害牙齿健康。有些人尤其是儿童青少年，每天喝大量含糖的饮料代替喝水，是一种不健康的习惯，应当改正。

1. 饮水不足或过多的危害

饮水不足或丢失水过多，均可引起体内失水。在正常的生理条件下，人体通过尿液、粪便、呼吸和皮肤等途径丢失水。这些丢失的水量为必需丢失量，通过足量饮水即能补偿。还有一种是病理性水丢失，例如腹泻、呕吐、胃部引流和瘘管流出等，这些水的丢失如果严重就需要通过临床补液来处理。随着水的不足，会出现一些症状。当失水达到体重的2%时，会感到口渴，出现尿少；失水达到体重的10%时，会出现烦躁、全身无力、体温升高、血压下降、皮肤失去弹性；失水超过体重的20%时，会引起死亡。

水摄入量超过肾脏排出能力时，可引起体内水过多或引起水中毒。这种情况多见于疾病状况，如肾病、肝病、充血性心力衰竭等。正常人极少见水中毒。

2.建议的饮水量

人体对水的需要量主要受年龄、身体活动、环境温度等因素的影响，故变化很大。成人每消耗4.184千焦能量，需要1毫升水，考虑到活动、出汗及溶质负荷的变化，水的需要量可增至1.5毫升/4.184千焦。故一般情况下，建议在温和气候条件下生活的轻体力活动的成年人每日最少饮水1200毫升。饮水应少量多次，切莫感到口渴时再喝水。

在高温环境下劳动或运动，大量出汗是机体丢失水和电解质的主要原因。对身体活动水平较高的人来说，出汗量是失水量中变化最大的。根据个人的体力负荷和热应激状态，他们每日的水需要量可从2升到16升不等，因此，身体活动水平较高和（或）暴露于特殊环境下的个体，其水需要量应给予特别考虑。在一般环境温度下，运动员、农民、军人、矿工、建筑工人、消防队员等身体活动水平较高的人群，在日常工作中有大量的体力活动，都会经出汗而增加水的丢失，要注意额外补充水分，同时需要考虑补充淡盐水。

3.饮水的时间和方式

饮水时间应分配在一天中任何时刻，喝水应该少量多次，每次200毫升左右。空腹饮下的水在胃内只停留2～3分钟，很快进入小肠，再被吸收进入血液，1小时左右就可以补充给全身的血液。体内水分达到平衡时，就可以保证进餐时消化液的充足分泌，增进食欲，帮助消化。一次性大量饮水会加重胃肠负担，使胃液稀释，既降低了胃酸的杀菌作用，又会妨碍对食物的消化。

早晨起床后可空腹喝一杯水，因为睡眠时的隐性出汗和尿液分泌，损失了很多水分，起床后虽无口渴感，但体内仍会因缺水而血液黏稠，饮用一杯水可降低血液黏度，增加循环血容量。睡觉前也可喝一杯水，有利于预防夜间血液黏稠度增加。

运动时由于体内水的丢失加快，如果不及时补充就可以引起水不足。在运动强度较大时，要注意运动中水和矿物质的同时补充，运动后，应根据需要及时补充足量的饮水。

4. 饮茶与健康

中国是茶的故乡，是世界茶文化的发源地。饮茶在我国有着悠久的历史。

经常适量饮茶，对人体健康有益。茶叶中含有多种对人体有益的化学成分，例如茶多酚、咖啡因、茶多糖等。茶多酚、儿茶素等活性物质可以使血管保持弹性，还能消除动脉血管痉挛，防止血管破裂。有研究表明，长期饮茶可能对预防心血管病和某些肿瘤有一定益处。茶叶中含有丰富的微量元素，如铁、锌、硒、铜、锰、铬等，但是茶叶本身为非可食部

分，由于使用量少及各元素的溶出率有限，饮茶并不是补充这些元素的良好食物来源。

长期大量饮用浓茶会影响消化功能。茶叶中的鞣酸会阻碍铁质的吸收，特别是缺铁性贫血的人，应该注意补充富含铁的食物。

饮茶应注意时间，一般空腹和睡前不应饮浓茶。空腹饮茶会冲淡胃液，降低消化功能，影响食欲或消化吸收。睡前喝茶易使人兴奋，难以入睡。

九、饮酒应限量

在节假日、喜庆和交际的场合，饮酒是一种习俗。高度酒含能量高，白酒基本上是纯能量食物，不含其他营养素。无节制的饮酒，会使食欲下降，食物摄入量减少，以致发生多种营养素缺乏，急慢性酒精中毒、酒精性脂肪肝，严重时还会造成酒精性肝硬化。过量饮酒还会增加患高血压、中风等疾病的危险，并导致事故及暴力的增加，对个人健康和社会安定都是有害的，应该严禁酗酒。另外饮酒还会增加患某些癌症的危险。若饮酒尽可能饮用低度酒，并控制在适当的限量以下，建议成年男性一天饮用酒的酒精量不超过25克，成年女性一天饮用酒的酒精量不超过15克。孕妇和儿童青少年应忌酒。

1. 哪些人不应饮酒

适量饮酒与健康的关系受诸多个体因素的影响，如年龄、性别、遗传、酒精敏感性、生活方式和代谢状况等。妇女在怀孕期间，即使是对正常成人适量的饮酒也可能会对胎儿发育带来不良后果，酗酒更会导致胎儿畸形及智力迟钝。实验研究表明，酒精会影响胎儿大脑各个阶段的发育，如在胚胎形成初期孕妇大量饮酒会引起胎儿严重变化，在怀孕后期大量饮酒可造成胎儿

大脑特定区域出现功能性缺陷。儿童正处于生长发育阶段，各脏器功能还不很完善，此时饮酒对机体的损害甚为严重。儿童即使饮少量的酒，其注意力、记忆力也会有所下降，思维速度将变得迟缓。特别是儿童对酒精的解毒能力低，饮酒过量轻则会头痛，重则会造成昏迷甚至死亡。在特定的场合，有些人即使饮用适量的酒也会造成不良的后果，例如准备驾车、操纵机器或从事其他需要注意力集中、技巧或者协调能力的人。有的人对酒精过敏，微量饮酒就会出现头晕、恶心、出冷汗等明显不良症状。因此，儿童少年、准备怀孕的妇女、孕妇和哺乳期妇女，正在服用可能会与酒精产生作用的药物的人，患有某些疾病（如高甘油三酯血症、胰腺炎、肝脏疾病等）及对酒精敏感的人都不应饮酒。血尿酸过高的人不宜大量喝啤酒，从而减少痛风症发作的危险。

2. 不同酒的酒精含量

人们按酒精含量习惯将酒分为高度酒（国外又称烈性酒）、中度酒和低度酒三类。

（1）高度酒是指40度以上的酒，如高度白酒、白兰地、伏特加。

（2）中度酒是指20～40度的酒，如38度的白酒和马提尼等。

（3）低度酒是指酒精含量在20度以下的酒，如啤酒、黄酒、葡萄酒、日本清酒等。各种低度酒间的酒度相差很大。

一般的啤酒其酒精含量在3.5％～5％，通常把含酒精2.5％～3.5％的称为淡啤酒，1％～2.5%含量的称为低醇啤酒，1％以下的酒精含量则称为无醇啤酒。

3.过量饮酒的危害

大量饮酒尤其是长期大量饮酒的人机体营养状况低下。一方面大量饮酒使碳水化合物、蛋白质及脂肪的摄入量减少，维生素和矿物质的摄入量也不能满足需求；另一方面大量饮酒可造成肠黏膜的损伤及对肝脏功能损害，从而影响几乎所有营养物质的消化、吸收和运转；加之急性酒精中毒可能引起胰腺炎，造成胰腺分泌不足，进而影响蛋白质、脂肪和脂溶性维生素的吸收和利用；严重时还可导致酒精性营养不良。酒精对肝脏

在酒缸里成长

有直接的毒性作用，吸收入血的乙醇在肝内代谢，造成其氧化还原状态的变化，从而干扰脂类、糖类和蛋白质等营养物质的正常代谢，同时也影响肝脏的正常解毒功能。一次性大量饮酒后，几天内仍可观察到肝内脂肪增加及代谢紊乱。乙醛是乙醇在肝脏代谢过程中的一种中间产物，是一种非常强的反应性化合物，是已知酒精所致肝病的主要因素之一。长期过量饮酒与脂肪肝、肝静脉周围纤维化、酒精性肝炎及肝硬化之间密切相关。在每日饮酒的酒精量大于50克的人群中，10~15年发生肝硬化的人数每年约为2%。肝硬化死亡中有40%由酒精中毒引起。过量饮酒还会增加患高血压、中风等疾病的危险，并导致事故及暴力的增加。另外饮酒还会增加患乳腺癌和消化道癌症的危险。酒精对骨骼的影响也取决于饮酒量和期限，长期过量饮酒使矿物质代谢发生显著变化，例如血清钙和磷酸盐水平降低及镁缺乏，这些都导致骨骼量异常，容易增加骨质疏松症的发生和骨折。过量饮酒还可改变人的判断能力。长期过量饮酒还可导致酒精依赖症、成瘾以及其他严重的健康问题。

十、吃新鲜卫生的食物

　　一个健康人一生需要从自然界摄取大约60吨食物、水和饮料。人体一方面从这些饮食中吸收利用本身必需的各种营养素，从而满足生长发育和生理功能的需要；另一方面又必须防止其中的有害因素诱发食源性疾病。

　　食物放置时间过长就会引起变质，可能产生对人体有毒有害的物质。另外，食物中还可能含有或混入各种有害因素，如致病微生物、寄生虫和有毒化学物等。吃新鲜卫生的食物是防止食源性疾病，实现食品安全的根本措施。

1.正确采购食物是保证食物新鲜卫生的第一关

一般来说，正规的商场和超市、有名的食品企业比较注重产品的质量，也会更多地接受政府和消费者的监督，在食品卫生方面具有较大的安全性。购买预包装食品还应当留心查看包装标识，特别应关注生产日期、保质期和生产单位；也要注意食品颜色是否正常，有无酸臭异味，形态是否异常，以便判断食物是否腐败变质。烟熏食品及有些加色食品可能含有苯并芘或亚硝酸盐等有害成分，不宜多吃。

2.食物合理储藏可以保持新鲜，避免受到污染

高温加热能杀灭食物中大部分微生物，延长保存时间；冷藏温度常为4～8℃，一般不能杀灭微生物，只适于短期贮藏；而冻藏温度低达-12～-23℃，可抑止微生物生长，保持食物新鲜，适于长期贮藏。

3. 烹调加工过程是保证食物卫生安全的一个重要环节

需要注意保持良好的个人卫生以及食物加工环境和用具的洁净，避免食物烹调时的交叉污染。对动物性食物应当注意加热至熟透，煎、炸、烧烤等烹调方式如使用不当容易产生有害物质，应尽量少用。食物腌制要注意加足食盐，避免高温环境。

有一些动物或植物性食物含有天然毒素，例如河豚鱼、毒蕈、含氰苷类的苦味果仁和木薯、未成熟或发芽的马铃薯、鲜黄花菜和四季豆等。为了避免误食中毒，一方面需要学会鉴别这些食物，另一方面应了解对不同食物进行浸泡、清洗、加热等去除毒素的具体方法。

4. 注意鉴别食物的新鲜度

鱼、禽、肉、蛋、乳等动物性食物含有丰富的蛋白质，容易滋生细菌而发生腐败，因此大部分食物中毒是由动物来源的食品引起的。采购食物时应特别注意鉴别这类食物是否新鲜。病死的牲畜本身已经污染上了病菌或毒素，应当坚决丢弃。

（1）看、触、闻鉴别畜禽肉类的新鲜度。看颜色，肉色发暗，脂肪缺乏光泽；试手感，外表干燥或黏手，指压后的凹陷恢复慢或不能完全恢复；闻异味，有氨味或酸味，甚至有臭味。发现上述现象就表明肉类不新鲜或已变质腐败。如果发现猪肉肉色较深，肉质鲜亮，后臀肌肉饱满突出，脂肪层非常薄，很可能是使用过"瘦肉精"的猪肉。

（2）从五个部位鉴别变质鱼。不新鲜的鱼可在五个部位出现变化：体表发暗无光泽；鳞片不完整，易脱落；鱼鳃颜色暗红，有腥臭，鳃丝粘连；眼球浑浊或凹陷，角膜浑浊；肌肉松弛，弹性差。

（3）从五种形态识别变质蛋类。微生物的污染可使鸡蛋、鸭蛋等禽蛋变质腐败。变质禽蛋容易出现五种改变：蛋白质分解导致蛋黄移位，形成"贴壳蛋"；蛋黄膜分解形成"散黄蛋"；继续腐败，蛋清和蛋黄混为一体成为"浑汤蛋"；蛋白质进一步被细菌破坏分解形成硫化氢和氨类，出现恶臭味，形成"臭鸡蛋"；真菌在蛋壳内壁和蛋膜上生长繁殖，形成暗色斑点，称为"黑斑蛋"。

（4）乳类食物变质的鉴别。乳类食物可从色泽、气味、形状等方面鉴别是否变质。如果发现有异味、沉淀或凝块出现，或乳中混杂黏稠物，应当丢弃。酸奶表面生霉、有气泡和有大量乳清析出时也不能食用。

（5）蔬菜和水果新鲜度的鉴别。蔬菜和水果大多颜色鲜艳，含水量较高，放置过久则引起颜色和形态的改变。

水分减少，果皮或蔬菜表面发皱，整体发蔫；颜色变化，绿色蔬菜变成黄色，有些水果的颜色变暗变淡；质地变化，水果或蔬菜出现软化、发黏、有汁液渗出甚至果体或茎叶腐烂。

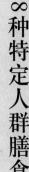

第十四章

8种特定人群膳食指南

特定人群包括孕妇、乳母、婴幼儿、学龄前儿童、儿童青少年以及老年人。根据这些人群的生理特点和营养需要，特别制定了相应的膳食指南，以期更好地指导孕期、哺乳期妇女的膳食，婴幼儿合理喂养和辅助食品的科学添加，学龄前儿童和儿童青少年在身体快速增长时期的饮食，以及适应老年人生理和营养需要变化的膳食安排，达到提高健康水平和生命质量的目的。

一、孕前期妇女膳食指南

1. 多摄入富含叶酸的食物或补充叶酸

妊娠的头4周是胎儿神经管分化和形成的重要时期，这一期间叶酸缺乏易增加胎儿发生神经管畸形及早产的危险。育龄妇女应从计划妊娠开始，尽可能早地多摄取富含叶酸的动物肝脏、深绿色蔬菜及豆类。由于叶酸补充剂比食物中的叶酸能更好地被机体吸收利用，建议最迟应从孕前3个月开始每日补充叶酸400克，并持续至整个孕期。叶酸除有助于预防胎儿神经管畸形外，也有利于降低妊娠高脂血症发生的危险。

2. 常吃含铁丰富的食物

孕前期良好的铁营养是成功妊娠的必要条件，孕前缺铁易导致早产、孕期母体体重增长不足以及新生儿低出生体重，故孕前女性应储备足够的铁为孕期利用。建议孕前期妇女适当多摄入含铁丰富的食物，如动物血、肝脏、瘦肉等动物性食物，黑木耳、大枣等植物性食物。缺铁或贫血的育龄妇女可适量摄入铁强化食物或在医生指导下补充小剂量的铁剂（10～20毫克/天），同时注意多摄入富含维生素C的蔬菜、水果，或在补充铁剂的同时补充维生素C，从而促进铁的吸收和利用，待缺铁或贫血得到纠正后，再计划怀孕。

3. 保证摄入加碘食盐，适当增加海产品的摄入

妇女围孕期和孕早期碘缺乏均可导致新生儿将来发生克汀病的危险性。由于孕前和孕早期对碘的需要相对较多，除摄入碘盐外，还建议至少每周摄

入一次富含碘的海产食品，如海带、紫菜、鱼、虾、贝类等。

二、孕早期妇女膳食指南

清淡、适口的膳食能增进食欲，易于消化，并有利于降低怀孕早期的早孕反应（妊娠反应），保证孕妇尽可能多地摄取食物，满足其对营养的需要。这类食物包括各种新鲜蔬菜、水果、大豆制品、鱼、禽、蛋以及各种谷类制品，还可根据孕妇当时的喜好适宜地进行安排。

1. 怀孕早期为什么会出现妊娠反应

妊娠早期受孕酮分泌增加，影响消化系统功能发生一系列的变化：胃肠道平滑肌松弛、张力减弱、蠕动减慢，胃排空及食物肠道停留时间延长，孕妇易出现饱胀感以及便秘；孕期消化液和消化酶（如胃酸和胃蛋白酶）分泌减少，易出现消化不良；由于贲门括约肌松弛，胃内容物反流入食管下部，引起"烧心"或反胃。以上种种消化道功能的改变，导致孕妇出现以消化道症状为主的妊娠反应，如恶心、呕吐、食欲下降等。至孕12周后，妊娠反应逐渐减少乃至消失。妊娠反应的原因至今还不完全清楚，一般认为可能与妊娠引起的内分泌变化及自主神经功能失调有关。

孕早期胚胎发育相对缓慢，但胚层分化以及器官形成易受营养素缺乏的影响，早孕反应导致的摄食量减少还会引起叶酸、锌、碘等微量营养素缺乏，进而增加胎儿畸形发生的风险。早孕反应导致的摄食量减少还可能引起B族维生素缺乏，进而加重妊娠反应；呕吐严重者还会引起体内水及电解质丢失和紊乱；呕吐严重不能进食者，易导致体内脂肪分解，出现酮症酸中毒，影响胎儿神经系统的发育。

2.如何预防或减轻妊娠反应

针对妊娠反应，膳食应以清淡为宜，选择易消化、能增进食欲的食物。孕早期妇女应少食多餐，尤其是呕吐严重的孕妇，进食可不受时间限制，坚持在呕吐之间进食。为增加进食量，保证能量的摄入，应尽量适应妊娠反应引起的饮食习惯的短期改变，照顾孕妇个人的嗜好，不要片面追求食物的营养价值，待妊娠反应停止后，逐渐纠正。对于一般的妊娠反应，可在保健医生指导下补充适量的B族维生素，以减轻妊娠反应的症状。怀孕早期妇女应注意适当多吃蔬菜、水果、牛奶等富含维生素和矿物质的食物。为减轻恶心、呕吐的症状，还可进食面包干、馒头、饼干、鸡蛋等。

（1）少食多餐。怀孕早期反应较重的孕妇，不必像常人那样强调饮食的规律性，更不可强制进食，进食的餐次、数量、种类及时间应根据孕妇的食欲和反应的轻重及时进行调整，采取少食多餐的办法，保证进食量。为降低妊娠反应，还可口服少量B族维生素，以缓解症状。随着孕吐的减轻，应逐步过渡到平衡膳食。

（2）保证摄入足量富含碳水化合物的食物。怀孕早期应尽量多摄入富含碳水化合物的谷类或水果，保证每天至少摄入150克碳水化合物（约合谷类200克）。因妊娠反应严重而完全不能进食的孕妇，应及时就医，以避免因脂肪分解产生酮体对胎儿早期脑发育造成不良影响。

谷类、薯类和水果富含碳水化合物。谷类一般含碳水化合物约75%，薯类含量为15%～30%，水果含量约10%，其中水果的碳水化合物多为糖，如果糖、葡萄糖和蔗糖，可直接吸收，能较快通过胎盘为胎儿利用。

（3）多摄入富含叶酸的食物并补充叶酸。怀孕早期叶酸缺乏可增加胎儿发生神经管畸形及早产的危险。妇女应从计划妊娠开始，尽可能早地多摄取富含叶酸的动物肝脏、深绿色蔬菜及豆类。由于叶酸补充剂比食物中的叶酸能更好地被机体吸收利用，因此建议受孕后每日应继续补充叶酸400克，至整个孕期结束。叶酸除有助于预防胎儿神经管畸形外，也有利于降低妊娠高脂血症发生的危险。

叶酸的良好来源为动物肝肾、鸡蛋、豆类、绿叶蔬菜、水果及坚果等。

三、孕中期、末期妇女膳食指南

1. 适当增加鱼、禽、蛋、瘦肉、海产品的摄入量

鱼、禽、蛋、瘦肉是优质蛋白质的良好来源，其中鱼类除了提供优质蛋白质外，还可提供 $\omega-3$ 多不饱和脂肪酸（如二十二碳六烯酸），这对孕20周后胎儿的脑和视网膜功能的发育极为重要。蛋类尤其是蛋黄是卵磷脂、维生素A和维生素B_2的良好来源，建议从孕中期、末期每日增加总计约50～100克的鱼、禽、蛋、瘦肉的摄入量。鱼类作为动物性食物的首选，每周最好能摄入2～3次，每天还应食用1个鸡蛋。除食用加碘盐外，每周至少进食一次海产品，以满足孕期碘的需要。

孕期选择动物性食物应首选鱼类。人类脑组织是全身含磷脂最多的组织。从孕20周开始，胎儿脑细胞分裂加快加速，作为脑细胞结构和功能成分的磷脂需要量增加，而磷脂上的长链多不饱和脂肪酸如花生四烯酸（ARA）、二十二碳六烯酸（DHA）为脑细胞生长和发育所必需。胎儿发育所需要的ARA、DHA在母体体内分别由必需脂肪酸亚油酸和 α-亚麻酸合成，也可由鱼类、蛋类等食物直接提供。胎盘对长链多不饱和脂肪酸有特别的运送能力。大量的研究证实，孕中期、末期妇女缺乏ARA、DHA，其血浆

中ARA、DHA水平会下降。此外，鱼类的脂肪含量相对较低，选择鱼类可避免因孕中期、末期动物性食物摄入量增加而引起的脂肪和能量摄入过多的问题。因此将鱼类排在动物性食物的首位，充分考虑到孕中期以及末期对 $\omega-3$ 多不饱和脂肪酸的特别需要。

2.适量身体活动，维持体重的适宜增长

由于孕期对多种微量营养素需要的增加大于能量需要的增加，通过增加食物摄入量以满足微量营养素的需要极有可能引起体重过多增长，并因此会增加发生妊娠糖尿病和出生巨大儿的风险。因此，孕妇应适时监测自身的体重，并根据体重增长的速率适当调节食物摄入量。也可根据自身的体能每天进行不少于30分钟的低强度身体活动，最好是1~2小时的户外活动，如散步、做体操等。因为适宜的身体活动有利于维持体重的适宜增长和自然分娩，户外活动还有助于改善维生素D的营养状况，从而促进胎儿骨骼的发育和母体自身的骨骼健康。

体重适宜增加的目标值因孕前体重而异：①孕前体重超过标准体重20%的女性，孕期体重增加以7~8千克为宜，孕中期开始每周体重增加不宜超过300克；②孕前体重正常，孕期体重增加的适宜值为12千克，孕中期开始每周体重增加为400克；③孕前体重低于标准体重10%的女性，孕期体重增加的目标值为14~15千克，孕中期开始每周体重增加为500克。孕前标准体重可用下面公式粗略估计，孕前标准体重(千克) = 身高(厘米) – 105，孕前标准体重（千克）数值 ± 10%都在正常范围。

孕妇的体重是反映孕妇营养的重要标志。孕期体重增长过多将增加难产的危险；孕期体重增长过少，除影响母体健康外，还易导致胎儿营养不良并影响其成年后的健康状况。随着生活条件的改善，孕妇妇女的日常工作量和活动量明显减少，容易发生能量摄入与消耗失衡，再加上多数居民认识上的

误区，认为胎儿越重越好，使肥胖孕妇及巨大儿出生率明显增高。新生儿体重大于4.0千克被称为巨大儿，属于病理性体重，容易发生产后低血糖等多种并发症；即使产后没有立即表现出来，也会使成年后继发肥胖、高血脂、高血压、心脑血管病、糖尿病等退行性疾病的危险性明显增加。孕期母亲体重增长过多是胎儿出生体重过高的决定因素。

为生育一个健康的宝宝，在孕期应关注和监测体重的变化，并根据体重增长速率适当调节食物摄入量。为维持体重的正常增长，适宜强度的运动是不可缺少的。

四、哺乳期妇女膳食指南

1. 增加鱼、禽、蛋、瘦肉及海产品摄入

动物性食品如鱼、禽、蛋、瘦肉等可提供丰富的优质蛋白质，乳母每天应增加总量100～150克的鱼、禽、蛋、瘦肉，其提供的蛋白质应占总蛋白质的1/3以上。如果增加动物性食品有困难时，可多食用大豆类食品补充优质蛋白质。为预防或纠正缺铁性贫血，也应多摄入些动物肝脏、动物血、瘦肉等含铁丰富的食物。

海产鱼虾除蛋白质丰富外，其脂肪富含ω-3多不饱和脂肪酸，牡蛎还富含锌，海带、紫菜富含碘。这些营养素都是婴儿生长发育尤其是脑和神经系统发育必需的营养素。有研究显示，能量平衡时，乳汁脂肪酸含量和组成与乳母膳食脂肪摄入量和种类有关。母乳中锌、碘含量也受乳母膳食中锌、碘含量的影响。因此乳母增加海产品摄入可使乳汁中DHA、锌、碘等含量增加，从而有利于婴儿的生长发育，特别是脑和神经系统发育。

2.适当增饮奶类，多喝汤水

奶类含钙量高，易于吸收利用，是钙的最好食物来源。乳母若能每日饮用牛奶500毫升，则可从中得到约600毫克优质钙。对那些不能或没有条件饮奶的乳母，建议适当多摄入可连骨带壳食用的小鱼、小虾，大豆及其制品，以及芝麻酱或深绿色蔬菜等含钙丰富的食物，必要时可在保健医生的指导下适当补充钙制剂。此外，鱼、禽、畜类等动物性食品宜采用煮或煨的烹调方法，促使乳母多饮汤水，以便增加乳汁的分泌量。

乳母每天摄入的水量与乳汁分泌量密切相关。摄水量不足时，乳汁分泌量减少，故乳母每天应多饮汤水。此外，由于产妇的基础代谢较高，出汗多再加上乳汁分泌，需水量高于一般人，因此产妇多喝一些汤是有益的。鱼汤、鸡汤、肉汤营养丰富，含有可溶性氨基酸、维生素和矿物质等营养成分。鱼汤、鸡汤、肉汤不仅味道鲜美，还能刺激消化液分泌，改善食欲，帮助消化，促进乳汁的分泌。用大豆、花生加上各种肉类（如猪腿或猪排骨）煮成的汤，鲫鱼汤，蘑菇煨鸡汤，猪腿和鸡蛋一起煮汤均可促进乳汁分泌。若经济条件有限，不能多吃动物性食品，可用豆腐汤或骨头汤配以适量黄豆、豆腐和青菜等来代替。

3.产褥期食物多样，不过量

产褥期的膳食同样应是多样化的平衡膳食，以满足营养需要为原则，无需特别禁忌。我国大部分地区都有将大量食物集中在产褥期消费的习惯；有的地区乳母在产褥期膳食单调，大量进食鸡蛋等动物性食品，其他食品如蔬菜、水果则很少选用。要注意纠正这种食物选择和分配不均衡的问题，保持产褥期食物多样充足而不过量，以利于乳母健康，保证乳汁的质与量和持续地进行母乳喂养。

按我国传统，很重视"坐月子"时的食补，产妇要消耗大量的禽、蛋、鱼和肉类等动物性食物。过多的动物性食物摄入，使绝大多数产妇蛋白质、脂肪摄入过量，加重其消化系统和肾脏的负担；过多的动物性食物摄入也降低了产妇对其他食物的摄入，使维生素和矿物质的摄入减少，导致营养不均衡。因此，产褥期食物应均衡多样而充足，但不应过量。

为什么产褥期要重视蔬菜、水果摄入？我国不少地方民间流传产后不能吃生冷食物的习俗，蔬菜、水果首当其冲。"坐月子"不吃蔬菜水果的习俗是很不利于健康的。新鲜蔬菜、水果含有多种维生素、矿物质、膳食纤维、果胶、有机酸等成分，可增进食欲，增加肠蠕动，防止便秘，促进乳汁分泌，是产妇不可缺少的食物。产妇在分娩过程中体力消耗大，腹部肌肉松弛，加上卧床时间长，运动量减少，致使肠蠕动变慢，比一般人更容易发生便秘。假如禁食蔬菜、水果，不仅会增加便秘、痔疮等疾病的发病率，还会造成某些微量营养素的缺乏，影响乳汁中维生素和矿物质的含量，进而影响婴儿的生长发育。因此产褥期要重视蔬菜、水果的摄入。

4. 科学活动和锻炼，保持健康体重

大多数妇女生育后，体重都会较孕前有不同程度的增加。有的妇女分娩后体重居高不下，导致生育性肥胖。研究表明孕期体重过度增加及产后不能成

又超重了，怎么办？

功减重，是导致女性肥胖发生的重要原因。因此，哺乳期妇女除注意合理膳食外，还应适当运动及做产后健身操，这样可促使产妇机体复原，保持健康体重，同时减少产后并发症的发生。坚持母乳喂养有利于减轻体重，而哺乳期妇女进行一定强度的、规律性的身体活动和锻炼，也不会影响母乳喂养的效果。

中国人的传统观念认为产后"坐月子"应多吃少动，才能养好身体。其实不然，按现代医学观点，产后应尽早适当活动（运动）才更利于体力恢复，减少产后并发症的发生，促使产妇机体复原，保持健康体型。关键是如何根据产褥期妇女的生理特点，在保证充足的休息和睡眠，避免过劳和过早负重的前提下，按适宜的运动方式进行适当强度的身体活动和锻炼，如做产后健身操。

五、婴幼儿膳食指南

1. 0－6月龄婴儿喂养指南

母乳是6个月龄之内婴儿最理想的天然食品。母乳所含的营养物质齐全，各种营养素之间比例合理，含有多种免疫活性物质，非常适合于身体快速生长发育、生理功能尚未完全发育成熟的婴儿。母乳喂养也有利于增进母子感情，使母亲能悉心护理婴儿，并可促进母体的复原。同时，母乳喂养经济、安全又方便，不易发生过敏反应。因此，应首选用纯母乳喂养婴儿。纯母乳喂养能满足6个月龄以内婴儿所需要的全部液体、能量和营养素。

应按需喂奶，每天可以喂奶6~8次。最少坚持完全纯母乳喂养6个月，从6个月龄开始添加辅食的同时，应继续给予母乳喂养，最好能到2岁。在4－6

月龄以前，如果婴儿体重不能达到标准体重，需要增加母乳喂养次数。

（1）为什么喂养0－6月龄婴儿要首选母乳。人类的乳汁含有人类生命发展早期所需要的全部营养成分，这是人类生命延续所必需的，是其他任何哺乳类动物的乳汁无法比拟的。母乳有以下突出的特点。

①母乳中的蛋白质最适合婴儿的生长发育。母乳所含蛋白质低于牛奶，约1.1×10^{-2}g/ml，仅为牛奶的1/3，但母乳中蛋白质以易于消化吸收的乳清蛋白为主。乳清蛋白与酪蛋白之比为60：40，而牛乳中为18：82。在乳清蛋白中，母乳中以α－乳清蛋白为主，易于消化吸收，且氨基酸组成平衡。母乳中的牛磺酸含量较多，为婴儿大脑及视网膜发育所必需。

②母乳中的脂肪丰富，且含有丰富的脂肪酶，可帮助消化脂肪，比牛乳脂肪更易于消化与吸收。母乳不仅含有短链、中链及长链脂肪酸，而且还含有脑及视网膜发育所必需的长链多不饱和脂肪酸，如花生四烯酸（ARA）、二十二碳六烯酸（DHA）。

③母乳中的乳糖含量较牛乳高，乳糖不仅提供婴儿能量，而且它在肠道中被乳酸菌利用后产生乳酸，促进肠道内钙的吸收并抑制有害菌的生长，助长有益菌的繁殖。

④母乳中的矿物质含量比牛乳更适合婴儿的需要。由于婴儿肾脏的排泄和浓缩能力较弱，食物中的矿物质过多或过少都不适于婴儿的肾脏及肠道对渗透压的耐受能力，会导致腹泻或增加肾脏的溶质负荷。母乳的渗透压比牛乳低，更符合婴儿的生理需要。

母乳中的钙含量比牛乳低，但钙磷比例适当，为2：1，有利于钙的吸收，而牛乳中过高的磷会干扰钙的吸收。母乳中铁的含量与牛乳接近，但母乳中铁的吸收率可高达50%，远高于牛乳。母乳中的锌、铜含量也高于牛乳，有利于婴儿的生长发育。

⑤母乳中维生素的含量易受乳母营养状况的影响，尤其是水溶性维生

素和脂溶性的维生素A。母乳的维生素A、维生素E及维生素C一般都高于牛乳，而且维生素E往往与多不饱和脂肪酸同时出现。在对牛乳加热过程中，一些对热不稳定的维生素可遭到破坏，而在人乳中则无此弊病。母乳中的维生素K低于牛乳，故孕期母体摄入富含维生素K的食物有一定意义，例如摄食深绿色的蔬菜。如果乳母日光照射少而食物中维生素D摄入量又不足时，其母乳的维生素D就不能满足婴儿的生理需要，需额外补充。

⑥母乳含许多免疫活性物质，包括丰富的免疫活性蛋白，如乳铁蛋白、溶菌酶、分泌型免疫球蛋白A(SIgA)以及低聚糖等，母乳中的这些免疫蛋白有抵抗肠道及呼吸道等疾病的作用。这些物质不受胃液及消化过程的破坏，可以直接进入人体。

产后尽早开奶，初乳营养最好。在分娩后7天内，乳母分泌的乳汁呈淡黄色，质地黏稠，称之为初乳；之后第8天至第14天的乳汁称为过渡乳，两周后为成熟乳。初乳对婴儿十分珍贵，其特点是蛋白质含量高，含有丰富的免疫活性物质，对婴儿防御感染及初级免疫系统的建立十分重要。初乳中微量元素、长链多不饱和脂肪酸等营养素比成熟乳要高得多。初乳也有通便的作用，可以清理初生儿的肠道和胎便。因此，应尽早开奶，产后30分钟即可喂奶。尽早开奶可减轻婴儿生理性黄疸、生理性体重下降和低血糖的发生。如果顺利分娩，母子健康状况良好，婴儿娩出后应尽快吸吮母亲的乳头，以获得初乳，并具有刺激泌乳的起始作用。以往主张新生儿出生后24～48小时才能开始喂奶，其理由是，分娩后母亲和新生儿都很疲劳，需要充分休息等。目前主张开奶时间愈早愈好，正常新生儿的第一次哺乳应在产房开始。刚出生的婴儿觅食和吸吮反射特别强烈，母亲也十分渴望看见和抚摸自己的婴儿。故当新生儿娩出断脐和擦干羊水后，即可将其放在母亲身边，与母亲皮肤接触，加强情感刺激，并让婴儿开始分别吸吮双侧乳头各3～5分钟，可吸吮出初乳数毫升。

尽早抱婴儿到户外活动或适当补充维生素D 。母乳中维生素D含量较低，家长应尽早抱婴儿到户外活动，适宜的阳光会促进皮肤维生素D的合成；也可适当补充富含维生素D的制剂，尤其在寒冷的北方冬春季和南方的梅雨季节，这种补充对预防维生素D缺乏尤为重要。

纯母乳喂养婴儿也需要注意补充维生素D。母乳中维生素D含量较低，在北方寒冷的冬春季或南方的梅雨季节，婴儿的户外活动时间少，单纯靠母乳喂养不能满足婴儿对维生素D的需要，容易发生维生素D缺乏，严重的可发生佝偻病，临床表现为神经精神症状和骨骼的变化。

（2）如何给婴儿补充维生素D。提倡尽早抱婴儿到户外晒太阳。对于早产儿、双胞胎、冬季或梅雨季节出生以及人工喂养的婴儿，应在专业人员指导下及时补充维生素D。正常母乳喂养婴儿应每日喂以维生素D400～800国际单位（南方400～600国际单位，北方600～800国际单位），早产儿也要加至每日600～800国际单位；对于每日口服维生素D有困难者，每月给婴儿口服一次维生素D50 000～100 000国际单位。对于人工喂养的婴儿，应首选使用适合0-6月龄婴儿的婴儿配方奶粉，因为国家婴幼儿奶粉标准（GB10766-97）中规定这种奶粉中每百克应添加200～400国际单位的维生素D。

不能用纯母乳喂养时，宜首选婴儿配方食品喂养。由于种种原因，不能用纯母乳喂养婴儿时，如乳母患有传染性疾病、精神障碍、乳汁分泌不足或无乳汁分泌等，建议首选适合于0-6月龄婴儿的配方奶粉喂养，不宜直接用普通液态奶、成人奶粉、蛋白粉等喂养婴儿。婴儿配方食品是随食品工业和营养学的发展而产生的除了母乳外，适合0-6月龄婴儿生长发育需要的食品。人类通过不断对母乳成分、结构及功能等方面的研究，以母乳为蓝本对动物乳进行改造，调整了其营养成分的构成和含量，添加了多种微量营养素，使其产品的性能成分及含量基本接近母乳。

（3）婴儿配方食品有哪些种类。

①起始婴儿的配方奶：适用于0～6月龄不能用母乳喂养的婴儿。

②后继或较大婴儿配方奶：适用于6月龄以后的婴儿。

③特殊医学用途配方奶：适用于生理上异常需要或特殊膳食需求的婴儿，例如为早产儿、先天性代谢缺陷（如苯丙酮尿症）儿设计的配方，为乳糖不耐受儿设计的无乳糖配方，为预防和治疗牛乳过敏儿设计的水解蛋白或其他不含牛奶蛋白的配方等。

（4）人工喂养时需要注意哪些事项。

①人工喂养时，要为婴儿选择合适的奶瓶（含奶嘴）。奶瓶及奶嘴的清洗、消毒一定要彻底，并使用清洁饮用水调制婴儿配方食品。由于婴儿的肠胃发育尚未完善，无论使用哪一种代乳品，都应该严格按相应的冲调原则操作，否则很容易引起婴儿腹泻或其他健康问题。选用配方奶粉喂养时，一定要认真阅读奶粉冲调说明，严格按照说明上注明的水与奶粉比例、冲调程序等进行冲调。

②奶的温度要适宜，不宜过热或过冷，母亲可将调好的奶液滴几滴在自己手腕内侧或手背，以不很热为合适。

③每次喂奶时间为15～20分钟，不宜超过30分钟。喂奶时应把奶瓶垂直于嘴，若奶嘴有两孔时，两孔对着两侧嘴角，使奶嘴处充满奶液，以免婴儿吸入很多空气而引起腹胀、溢奶。

④每次喂奶结束时，奶瓶中应有剩余奶，以便观察食入奶量并确认婴儿是否喝足。婴儿喝完奶后，需要对婴儿拍背排气。

⑤两次喂哺间隔一般为3～4小时，每次喂奶不必强求婴儿把奶瓶内的牛奶喝完。剩余的奶汁应立即处理掉，并及时清洗奶瓶，避免细菌生长。

⑥若发现婴儿对牛奶有过敏反应，如腹痛、湿疹、荨麻疹等，应立即停止使用，在医生指导下改用其他不含牛奶的代乳品。

2. 6—12月龄婴儿喂养指南

（1）及时合理添加辅食。从6月龄开始，需要逐渐给婴儿补充一些非乳类食物，包括果汁、菜汁等液体食物，米粉、果泥、菜泥等泥糊状食物以及软饭、烂面，切成小块的水果、蔬菜等固体食物，这一类食物称之为辅助食品，简称为"辅食"。添加辅食的顺序为：首先添加谷类食物（如婴儿营养米粉），其次添加蔬菜汁（蔬菜泥）和水果汁（水果泥）、动物性食物（如蛋羹、鱼、禽、畜肉泥/松等）。建议动物性食物添加的顺序为：蛋黄泥、鱼泥（剔净骨和刺）、全蛋（如蒸蛋羹）、肉末。

辅食添加的原则是：每次添加一种新食物，由少到多、由稀到稠循序渐进；逐渐增加辅食种类，由泥糊状食物逐渐过渡到固体食物。建议从6月龄时开始添加泥糊状食物（如米糊、菜泥、果泥、蛋黄泥、鱼泥等），7-9月龄时可由泥糊状食物逐渐过渡到可咀嚼的软固体食物（如烂面、碎菜、全蛋、肉末），10-12月龄时，大多数婴儿可逐渐转为以进食固体食物为主的膳食。

辅助食品是指在转乳期内所给婴儿吃的食品，过去常称为断奶食品。断奶是指婴儿由单纯母乳喂养逐步过渡到完全给予母乳以外食物的时期。在这个时期乳及乳类食品对儿童的生长发育非常重要，是不能断掉的。因此，为了避免误解，现在多称为辅助食品。提供婴儿营养的辅助食品形式有三种：液体食物、泥糊状食物、固体食物。

（2）尝试多种多样的食物，膳食少糖、无盐、不加调味品。婴儿6月龄时，每餐的安排可逐渐开始尝试搭配谷类、蔬菜、动物性食物，每天应安排有水果。应让婴儿逐渐开始尝试和熟悉多种多样的食物，特别是蔬菜类，可逐渐过渡到除奶类外由其他食物组成的单独餐。随着月龄的增加，也应根据婴儿需要，增加食物的品种和数量，调整进餐次数，可逐渐增加到每天三餐（不包括乳类进餐次数）。限制果汁的摄入量或避免提供低营养价值的饮料，以免影响进食量。制作辅食时应尽可能少糖、不放盐、不加调味品，但可添加少量食用油。

我国成人高血压的高发与食盐的高摄入量有关，要控制和降低成人的盐摄入量，必须从儿童时期开始，而且控制越早收到的效果会越好。给婴儿的食品中少放糖的目的是为了预防龋齿。婴儿的味觉正处于发育过程中，对外来调味品的刺激比较敏感，加调味品容易造成婴儿挑食或厌食。

3. 1—3岁幼儿喂养指南

幼儿食物的选择应依据营养全面丰富、易消化的原则，应充分考虑满足能量需要，增加优质蛋白质的摄入，从而保证幼儿生长发育的需要；增加铁质的供应，避免铁缺乏和缺铁性贫血的发生。鱼类脂肪有利于儿童的神经系统发育，适当多选用鱼虾类食物，尤其是海鱼类。对于1－3岁幼儿，应每天选用猪肝75克（一两半），或鸡肝50克（一两），或羊肝25克（半两），做成肝泥，分次食用，增加维生素A的摄入量。不宜给幼儿直接食用坚硬的食物、易误吸入气管的硬壳果类（如花生）、腌腊食品和油炸类食品。

（1）对于1－2岁幼儿，建议每日膳食安排：可选蛋类、鱼虾类、瘦畜禽肉等100克，米和面粉等谷类食物100～125克，用20克植物油烹制上述食物。选用新鲜绿色、红黄色蔬菜和水果各150克，以果菜泥、果菜汁或者果菜末的形式喂养幼儿。

（2）对于2－3岁幼儿，建议每日膳食安排：选蛋类、鱼虾类、瘦畜禽肉类等100克，米和面粉等谷类食物125～150克，用20～25克植物油烹制上述食物。选用新鲜绿色、红黄色蔬菜和水果各150～200克。

六、学龄前儿童膳食指南

学龄前儿童开始具有一定的独立性活动，模仿能力强，兴趣增加，易出现饮食无规律，吃零食过多，食物过量等问题。当儿童受冷受热，有疾病或情绪不安定时，其消化功能易受影响，可能会造成儿童厌食、偏食等不良饮食习惯。所以要特别注意培养儿童良好的饮食习惯，不挑食，不偏食。

学龄前是培养儿童良好饮食行为和习惯的最重要和最关键阶段。帮助学龄前儿童养成良好的饮食习惯，需要特别注意以下方面：①合理安排饮食，一日三餐加1～2次点心，定时、定点、定量用餐；②饭前不吃糖果、不饮汽水等饮料和零食；③饭前洗手，饭后漱口，吃饭前不做剧烈运动；④养成自己吃饭的习惯，让孩子自己使用筷、匙，既可增加孩子进食的兴趣，又可培养孩子的自信心和独立能力；⑤吃饭时专心，不边看电视或边玩边吃；⑥吃饭应细嚼慢咽，但也不能拖延时间，最好能在30分钟内吃完；⑦不要一次给孩子盛太多的饭菜，先少盛，吃完后再添，以免养成剩菜、剩饭的习惯；⑧不要吃一口饭喝一口水或经常吃汤泡饭，这样容易稀释消化液，影响消化与吸收；⑨不挑食、不偏食，在许可范围内允许孩子选择食物；⑩不宜用食物作为奖励，避免诱导孩子对某种食物产生偏好。家长和看护人应以身作则、言传身教，帮助孩子从小养成良好的饮食习惯和行为。

良好饮食习惯的形成有赖于父母和幼儿园教师的共同培养。学龄前儿童对外界好奇，注意力易分散，对食物不感兴趣，家长或看护人不应过分焦急，更不能采用威逼利诱等方式，防止孩子养成拒食的不良习惯。还应注意的是，此时儿童右侧支气管比较垂直，因此要尽量避免给他们吃花生米、干豆类食物等，防止造成异物塞入气管。此期的孩子20颗乳牙已出齐，饮食要供给充足的钙、维生素D等营养素。要教育孩子注意口腔卫生，少吃糖果等甜食，饭后漱口，睡前刷牙，预防龋齿。

七、儿童青少年膳食指南

少年儿童时期是体格和智力发育的关键时期，也是个人行为和生活方式形成的重要时期。因此，在一般人群膳食指南十条的基础上，根据少年儿童生长发育的特点和营养需求，还应强调以下四条内容：

1.三餐定时定量，保证吃好早餐，避免盲目节食

（1）少年儿童要养成适合其生理需要的健康饮食行为。每日三餐要定时就餐，两餐间隔4～6小时；三餐比例要适宜，早餐供能占全天总能量的25%～30%，午餐占30%～40%，晚餐占30%～40%；正餐不要以糕点、甜食取代主副食。

（2）营养充足的早餐可以为少年儿童提供体格和智力发育所需的能量和各种营养素。早餐吃得不好，不仅会影响学习成绩和体能，还会影响消化系统功能，不利于健康。因此，应该天天吃早餐，而且保证早餐营养充足。谷类食物在人体内能较快转化为葡萄糖，有利于维持血糖稳定，保证大脑活动所需能量，所以早餐中不可缺少谷类食物。合理的早餐还应该包括牛奶或豆浆，加上鸡蛋、豆制品、瘦肉等富含蛋白质的食物，使整个上午精力充沛。

（3）有些同学为了追求体型完美，盲目节食，甚至用催吐、吃泻药等极端方式减重，久之会导致营养不良、内分泌改变、少女乳房发育停滞、停经、闭经等的发生，有的还会出现焦虑、抑郁、失眠、注意力不集中、强迫性思维等精神症状，严重者甚至会导致死亡。可见盲目节食对儿童少年的健康成长有着巨大的危害。因此，儿童青少年不应盲目节食，在不确定自己体

重是否正常、需不需要控制时，可以向营养专家、医生或家长咨询。

2. 吃富含铁和维生素C的食物

我国儿童青少年中缺铁性贫血患病率较高，这是因为儿童少年正处于生长发育阶段，铁需要量增加，体内铁相对不足造成的。加之女孩月经来潮后的生理性铁丢失，更易发生贫血。即使是轻度的缺铁性贫血，也会对儿童青少年的生长发育和健康产生不良影响，造成他们体力、抵抗力和学习能力下降。

为了预防贫血的发生，儿童青少年应该注意饮食多样化，注意调换食物品种，经常吃含铁丰富的食物，如动物血、肝、瘦肉、蛋黄、黑木耳、大豆等。另外，儿童青少年每天的膳食还应含有新鲜的蔬菜水果等维生素C含量丰富的食物。

3. 每天进行充足的户外运动

每天进行充足的户外运动，能够增强体质和耐力；提高机体各部位的柔韧性和协调性；保持健康体重，预防和控制肥胖；对某些慢性病也有一定的预防作用。户外运动还能接受一定量的紫外线照射，有利于体内维生素D的合成，保证骨骼的健康发育。

每天最好进行至少60分钟的运动。不同强度、类型的运动的作用也不尽相同，一般来说，剧烈的有氧运动（如慢跑、打球、游泳、爬山等）对身体健康的好处更大。常进行有氧健身，心脏会更健康，身心素质也会更好。

应限制静态活动，如看电视、玩电子游戏等嗜好，多参与家务劳动。家务活动有利于培养责任感，培养热爱劳动、珍惜劳动成果的好品德，锻炼意志和毅力，养成勤劳的作风和培养劳动技能，增强智力，促进身体健康，培养独立生活能力，有利于培养交往能力和调节家庭气氛、协调家庭关系。

美国哈佛大学的社会学家、行为学家和儿童教育专家对波士顿地区450名少年儿童做了长达20年的跟踪调查。调查发现，不爱干家务的孩子长大后失业率、犯罪率、离异率、心理疾病率往往要比爱干家务的孩子高得多。

4.不吸烟、不饮酒

儿童青少年正处于发育阶段，身体各系统、器官还未成熟，神经系统、内分泌功能、免疫功能等尚不稳定，对外界不利因素和刺激的抵抗能力都比较差，因而，吸烟和饮酒对儿童青少年的不利影响远远超过成年人。因此，儿童青少年应养成不吸烟、不饮酒的好习惯。

八、老年人膳食指南

随着人们生活水平提高，我国居民主食的摄入减少，食物加工越来越精细，粗粮摄入减少，油脂及能量摄入过高，导致B族维生素、膳食纤维和某些矿物质的供给不足、慢性病发病率增加。粗粮含丰富B族维生素、膳食纤维、钾、钙、植物化学物质等。老年人消化器官生理功能往往有不同程度的减退，咀嚼功能和胃肠蠕动减弱，消化液分泌减少，许多老年人易发生便秘，患高血压、血脂异常、心脏病、糖尿病等疾病的危险性增加。因此老年人选择食物要粗细搭配，食物的烹制宜松软，易于消化吸收，保证均衡营养，促进健康，预防慢性病。

1.老年人吃粗粮有什么好处

（1）粗粮含有丰富的B族维生素和矿物质。B族维生素包括维生素B_1、维生素B_2、维生素B_6、烟酸、泛酸等，在体内主要以辅酶的形式参与三大营养素的代谢，使这些营养素为机体提供能量，还有增进食欲与消化功能，维护神经系统正常功能等作用。B族维生素主要集中在谷粒的外层。比较而言，粗粮的加工一般不追求精细，所以B族维生素含量比细粮高。此外粗粮中的钾、钙及植物化学物质的含量也比较丰富。

（2）粗粮中膳食纤维含量高。膳食纤维进入胃肠道，能吸水膨胀，使肠内容物体积增大，大便变软变松，促进肠道蠕动，起到润便、防治便秘的作用；同时缩短粪便通过肠道的时间，使酚、氨及细菌毒素等在肠道内停留的时间缩短。另外，粗粮中膳食纤维多，能量密度较低，可使摄入的能量减少，有利于控制体重，防止肥胖。

（3）调节血糖。粗粮或全谷类食物餐后血糖变化小于精制的米面，血糖指数较低，可延缓糖的吸收，有助于改善糖耐量及糖尿病患者的血糖控制。世界卫生组织、联合国粮农组织和许多国家糖尿病协会、营养师协会都推荐糖尿病患者采用高纤维低血糖指数的粗粮搭配，控制血糖和体重。

（4）防治心血管疾病。粗粮中含丰富的可溶膳食纤维，可减少肠道对胆固醇的吸收，促进胆汁的排泄，降低血胆固醇水平。同时富含植物化学物如木酚素、芦丁、类胡萝卜素等，具有抗氧化作用，可降低发生心血管疾病的危险性。

2. 老年人一天要吃多少粗粮

老年人容易发生便秘，糖脂代谢异常，患心脑血管疾病的危险性增加，适当多吃粗粮有利于健康。研究表明，每天食用85克或以上的全谷类食物可帮助控制体重，减少若干慢性疾病的发病风险。因此建议老年人每天最好能吃到100克（2两）粗粮或全谷类食物。

3. 怎样使老年人的食物松软易于消化

在适合老年人咀嚼功能前提下，要兼顾食物的色、香、味、形。要注意烹调的方法，以蒸、煮、炖、炒为主，避免油腻、腌制、煎、炸、烤的食物。宜选用的食物：柔软的米面及其制品，如面包、馒头、麦片、花卷、稠粥、面条、馄饨；细软的蔬菜、水果、豆制品、鸡蛋、牛奶等；适量的鱼虾、瘦肉、禽类。

（1）合理安排饮食，提高生活质量。合理安排老年人的饮食，使老人保持健康的进食心态和愉快的摄食过程。家庭和社会应从各方面保证老年人的饮食质量、进餐环境和进食情绪，使其得到丰富的食物，保证其需要的各种营养素摄入充足，以促进老年人身心健康，减少疾病，延缓衰老，提高生活质量。

（2）与家人一起进餐，其乐融融。老年人的进餐环境和进食情绪状态十分重要，和家人一起进餐往往比单独进餐具有更多优点。有调查表明，老年人与家人、同伴一起进餐比单独进餐吃得好，不仅增加对食物的享受和乐趣，还会促进消化液的分泌，增进食欲，促进消化。老年人和家人一起进餐有助于互相交流感情，了解彼此在生活、身体、工作方面的状况，使老年人享受家庭乐趣，消除孤独，有助于预防老年人心理性疾病的发生。

4. 老年人需要补充什么营养

（1）选用优质蛋白质。老年人随着年龄的增大，生理功能减退，出现不同程度免疫功能和抗氧化功能的降低以及其他健康问题。由于活动量相应减少，消化功能衰退，导致老年人食欲减退，能量摄入降低，必需营养素摄入也相应减少，使老年人健康和营养状况恶化。为适应老年人蛋白质合成能力降低、蛋白质利用率低的情况，应选用优质蛋白质。

（2）减少脂肪和蔗糖摄入。老年人胆汁酸减少，酶活性降低，消化脂肪的功能下降，故摄入的脂肪能量比应以20%为宜，并以植物油为主。老年人糖耐量低，胰岛素分泌减少，且血糖调节作用减少，易发生高血糖，不宜多用蔗糖。

（3）需要补充钙。老年人随着年龄增加，骨矿物质不断丢失，骨密度逐渐下降，特别是女性绝经后由于激素水平变化，骨质丢失更为严重；另一方面老年人钙吸收能力下降，如果膳食钙的摄入不足，更容易发生骨质疏松和骨折，故应注意钙和维生素D的补充。

（4）注意微量元素的摄入。锌是老年人维持和调节正常免疫功能所必需的微量元素；硒可提高机体抗氧化能力，与延缓衰老有关；适量的铬可使胰岛素充分发挥作用，并使低密度脂蛋白水平降低，高密度脂蛋白水平升高，故老年人应注意摄入富含这些微量营养素的食物。

（5）补充维生素。维生素不足与老年人多发病有关。维生素A可减少老人皮肤干燥和上皮角化；β-胡萝卜素能清除过氧化物，有预防肺癌、增强免疫的功能，能延迟白内障的发生；维生素E有抗氧化作用，能减少体内脂质过氧化物，消除脂褐质，降低血胆固醇浓度；老年人亦常见B族维生素的不足，特别应注意补充叶酸；维生素C对老年人有防止血管硬化的作用。老年人应经常食用富含各类维生素的食物。

（6）重视预防营养不良和贫血。60岁以上的老年人随着年龄增长，生理功能出现不同程度的老化，包括器官功能减退、基础代谢降低和体成分改变等，并能存在不同程度和不同类别的慢性疾病。由于生理、心理和社会经济情况的改变，老年人摄取的食物量可能会减少而导致营养不良。另外随着年龄增长体力活动减少，因牙齿、口腔问题和情绪不佳，可能会致老年人食欲减退，能量摄入降低，必需营养素摄入减少，从而造成营养不良。2002年中国居民营养与健康状况调查报告表明，60岁以上老年人低体重（BMI<18.5千克/米^2）的发生率为17.6%，是45－59岁的2倍；贫血患病率为25.6%，远高于中年人群。因此老年人要重视预防营养不良与贫血。

5.如何防治老年人贫血

（1）增加食物摄入。贫血的老年人要增加食物摄入量，增加主食和各种副食品，保证能量、蛋白质、铁、维生素B_{12}、叶酸的供给，提供造血的必需原料。

（2）调整膳食结构。一般来说，老年人膳食中动物性食物摄入减少，植物性食物中铁的利用率差，因此，贫血的老年人应注意适量增加瘦肉、禽、鱼、动物血和肝的摄入。动物性食品是膳食中铁的良好来源，吸收利用率高，维生素B_{12}含量丰富。新鲜的水果和绿叶蔬菜可提供丰富的维生素C和叶酸，促进铁吸收和红细胞合成。吃饭前后不宜饮用浓茶，减少其中鞣酸等物质对铁吸收的干扰。

（3）选用含铁的强化食物。如强化铁的酱油、强化铁的面粉和制品等。国内外研究表明，食物强化是改善人群铁缺乏和缺铁性贫血最经济、最有效的方法。

（4）适当使用营养素补充剂。当无法从膳食中获得充足的营养素时，可以有选择性地使用营养素补充剂，如铁、B族维生素、维生素C等。

（5）积极治疗原发病。许多贫血的老年人，除了膳食营养素摄入不足以外，还患有其他慢性疾病，这些慢性疾病也可导致贫血。因此需要到医院查明病因，积极治疗原发性疾病。

（6）多做户外活动，维持健康体重。2002年中国居民营养与健康状况调查结果显示，我国城市居民经常参加锻炼的老年人仅占40%，不锻炼者

真是个好方案

高达54%。大量研究证实，身体活动不足、能量摄入过多引起的超重和肥胖是高血压、高血脂、糖尿病等慢性非传染性疾病的独立危险因素。适当多做户外活动，在增加身体活动量、维持健康体重的同时，还可接受充足紫外线照射，有利于体内维生素D合成，预防或推迟骨质疏松症的发生。

6.哪些户外活动适合老年人

根据老年人的生理特点，老年人适合耐力性项目，如步行、慢跑、游泳、跳舞、太极拳、乒乓球、门球和保龄球等。

(1)步行。步行时下肢支持体重，上下肢骨关节、肌肉与身体其他各部位协调配合，使各部位都得到锻炼；同时加强心肌收缩，加大心血排血量，使各组织血流量增加。天天散步，对于改善心肺功能、延缓下肢关节退化有积极作用。

(2)慢跑。慢跑比散步强度大，消耗能量多，能加速血液循环，促进新陈代谢，增大能量消耗，改善脂质代谢，有利于预防高血压和高血脂。

(3)体操。体操动作可简可繁，运动速度可快可慢，运动范围可大可小，运动量容易调整。经常坚持做体操可以使头颈、躯干、四肢灵活，养成良好体姿，保持柔韧性，维持神经、肌肉的协调能力。

7.老年人运动四项原则

(1)安全。由于老年人体力和协调功能衰退，视、听功能减弱，对外界的适应能力下降，故参与运动时首先要考虑安全，避免有危险性的项目和动作，运动强度、幅度不能太大，动作要简单、舒缓。

(2)全面。尽量选择多种运动项目和能活动全身的项目，使全身各关节、肌肉群和身体多个部位受到锻炼。注意上下肢协调运动，身体左右侧对称运动，并注意颈、肩、腰、髋、膝、踝、肘、腕、手指、脚趾等各个关节和各个肌群，以及眼、耳、鼻、舌、齿经常运动。

(3)自然。老年人运动方式应自然、简便，不宜做负重憋气、过分用力、头部旋转摇晃的运动，尤其对有动脉硬化和高血压的老年人，更应避免。憋气时因胸腔的压力增高，回心血量和脑供血减少，易头晕目眩，甚至昏厥。憋气完毕，回心血量骤然增加，血压升高，易发生脑血管意外。头部旋转摇晃可能会使血液过多流向头部，当恢复正常体位、血液快速流向躯干和下肢时，会造成脑部缺血，出现两眼发黑、站立不稳等情况，容易摔倒。

(4)适度。老年人应该根据自己的生理特点和健康状况，选择适当的运动强度、时间和频率。最好坚持每天锻炼，至少每周锻炼3~5次。每天户外活动时间至少半小时，最好1小时。老年人进行健康锻炼一定要量力而行，运动强度以轻微出汗、自我感觉舒适为度。世界卫生组织推荐的最适宜锻炼时间是9:00-10:00，16:00-18:00。

8. 老年人运动注意事项

（1）做全面身体检查。通过检查可了解自己的健康状况，做到心中有数，为合理选择运动项目和适宜的运动量提供依据。

（2）了解运动前后的脉搏测量。早晨起床时的基础脉搏以及运动前后的脉搏变化，进行自我监测，必要时可测量血压。

（3）锻炼要循序渐进。每次运动以前，要做几分钟准备活动，缓慢开始，运动量要由小到大，逐渐增加。以前没有运动习惯的老年人，开始几天可能会出现不适反应，表现为疲劳、肌肉酸疼、食欲稍差，甚至睡眠不好等。此时应减少运动量，降低运动强度。经过一段时间适应后再慢慢地增加运动量，不要急于求成。

（4）活动环境要好。要尽量选择空气清新、场地宽敞、设施齐全、锻炼气氛好的场所进行锻炼。

第十五章

健康生活5项行动

针对居民膳食营养方面存在的主要问题，在『全民健身运动』的理念下，特提出健康生活五项行动。

一、限制盐罐子

食盐和酱油是膳食中的主要调味品。口味偏咸是中国人的饮食传统。2002年城市居民的膳食调查显示每人每日食盐摄入量为13.4克，高于世界卫生组织建议的摄入量一倍以上。

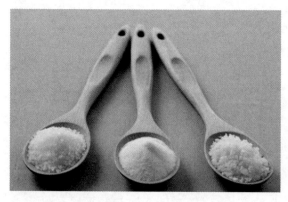

1. 坚持使用盐勺

2克盐勺的推出，就是为了让每个家庭都建立限制食盐摄入的意识，促进市民的健康。控制家庭用盐总量，家庭烹调食物时，需要根据每餐就餐人数决定盐的总使用量。如三口之家晚餐的用盐总量是7～8克，也就是限盐勺3～4平勺。这些盐要制作晚餐的所有菜肴，所以要统筹安排，合理使用。

2. 注意其他食品中的盐

只靠在自家厨房用限盐勺，有时还是难以控制食盐摄入量，因为从其他调味品和加工食品中还可能摄入大量食盐，如酱油、酱、咸菜、榨菜、酱豆腐以及熟肉制品、咸鱼、咸鸭蛋，以及外购的花卷、包子、馅饼等加工食品都含有不少盐。要时刻提醒自己，如果这些调味品和加工食品较多的话，一是要减少自家烹调食盐的使用量，二是不要多吃，避免摄入过量的盐。

二、管好油瓶子

烹调使用的食用油过多是影响大众健康的危险因素之一。限制食用油的摄入量刻不容缓。从总体看，北京市民的食用油数量要减少一半，才能达到每人每日25克的目标。

1. 用好限油壶

带刻度的油壶可以提示一日烹调用油量，帮助做到平均每人每日烹调用油不超过25克。

应先统计一下家庭就餐的基本人数、在家就餐情况，算出每周大致的用油量，并将相应数量的油倒入限油壶中，也可以将每日的油量倒入限油壶，限制使用，自觉做到不超量。如三口之家，三餐全部在家就餐，每日需要的油量为75克，每周为525克，大约一斤。而如果仅在家吃早餐和晚餐，油使用量为45～50克，全家每天油的使用量大约为一两。

2. 少吃油炸食品

有些人喜欢吃油炸食品，如炸油饼、油条、炸薯条、炸薯片、炸鸡块、炸羊肉串等，油炸食品的油脂使用量大，食品的脂肪含量很高。虽然多数家庭不制作油炸食品，可是外购的油炸食品也不少，因此，不但要用好家庭的控油壶，还要限制外购的油炸食品，才能真正控制脂肪的摄入量。

三、扩大粮袋子

如果将减盐限油比喻为对居民不合理膳食结构的对症处方，那么保证谷类食物的数量，就是对居民膳食的扶正之举了。

1.主食量要够

粮食（谷类食物）是中国传统膳食的主体，俗称"主食"。保证和坚持摄入足够数量的粮食（每天250～400克），即能为人体提供充足的能量，又可避免摄入过多的脂肪及含脂肪较高的动物性食物，有利于相关慢性病的预防。

成年人每人每天至少要吃250克以上的粮食，这里的数量是指面粉、大米等粮食的重量，不是馒头、米饭等粮食制品的重量。

爱心提示：不要用不吃主食的方法来减肥。在外就餐不能不吃主食。

2.粗细巧搭配

在每天250克以上的粮食中，应适当选择一些杂粮和粗粮，做到粗细搭配。

每天最好能吃50～100克的杂粮或全谷类（如全麦的面粉）。如一天的粮食六两（300克），可安排为：大米100克（2两）、小米50克（1两）、面粉150克（3两）；主食的食谱可为小米粥、大米饭和馒头，也可为大米粥、二米饭和烙饼，还可以是二米饭、菜包子或者饺子。

四、丰富菜篮子

这里所说的菜篮子不仅是指盛蔬菜的篮子，而是包括了蔬菜、水果、畜禽肉类、鱼虾鸡蛋和豆制品等所有"副食"的菜篮子。积极调整菜篮子，是实施食物多样化的具体行动。

1. 新鲜蔬菜要多吃

新鲜蔬菜是人类每天平衡膳食的重要组成部分。建议成年人每天最好吃蔬菜500克（1斤），其中深色蔬菜约占一半。这里推荐的蔬菜数量是指择好的菜，在实际操作时，应考虑到择菜时的损失。

市场上出售的蔬菜经过择理要损失一部分，一般损失率在10%～15%。在购买蔬菜时要有富余量。每人每天的蔬菜购买量应该在550～600克。

例如：每人每天要吃5份蔬菜，最好包括有3种深色的蔬菜，如大白菜、菜花和韭菜、柿子椒、西红柿。也可以是其中的3种，有两种吃2份，如2份韭菜、2份萝卜和1份大白菜。

2. 新鲜水果需多吃

建议每天吃多种新鲜的水果，摄入量为200克以上。健康人可在餐前吃水果，水果在餐前食用的好处在于能够帮助控制食量，利于保持健康体重。

水果制品（果汁、蜜饯、水果罐头等）在加工过程中会使水果中的营养成分（如维生素C、膳食纤维等）受到一定的损失，而且为了获得好的口感，还会添加一些糖、漂白剂、防腐剂等食品添加剂。因此，水果制品不能替代新鲜水果，应尽量选择新鲜水果。

3.豆制品要天天吃

大豆及其制品营养丰富，具有多种健康功效，建议每人每天摄入30~50克大豆及其制品。以所提供的蛋白质数量计算，40克大豆分别约相当于200克（4两）豆腐、100克（2两）豆腐干、25克（半两）腐竹、750克（1斤半）豆浆。

4.动物性食物不要多

畜、禽、鱼、蛋等动物性食物是人类优质蛋白、脂类、脂溶性维生素、B族维生素和矿物质的良好来源，是平衡膳食的重要组成部分。但动物性食品中一般都含有一定量的饱和脂肪酸和胆固醇，摄入过多会增加患心血管疾病的危险性。因此应该管好自己的嘴，不要因为好吃就多吃，应控制每天的摄入量。

红肉每天控制在鲜肉75克（1两半）以内：相当于猪肉（后臀尖）75克（1两半）、牛腿肉或羊腿肉75克（1两半）、鸡翅（带骨）100克（2两）、酱牛肉50克（1两）。

五、迈开大步子

进食量和身体活动是保持健康体重的两个主要因素：食物提供人体能量，身体活动消耗能量。由于生活和工作方式的改变，城市居民超重和肥胖发生率逐年增加，严重危害了身体健康，身体活动明显减少是导致超重肥胖的主要原因之一。因此，仅仅靠控制膳食还不能达到促进健康的根本目的。健康膳食的第五项行动就是要加强身体活动。

1. 体重适宜才健康

体重过高和过低都是不健康的表现，易患多种疾病、缩短寿命。由于生活方式的改变，中国人进食量相对增加、身体活动减少，我国超重和肥胖的发生率正在逐年增加，是心脑血管疾病、某些肿瘤和糖尿病发病率增加的主要原因之一。保持进食量和运动量的平衡，使摄入各种食物所提供的能量不超过人体所需要的能量，才能保持体重稳定，避免不健康的体重增加。

2. 身体活动防慢病

身体活动不仅有助于保持健康体重，还能够降低患高血压、中风、冠心病、2型糖尿病、结肠癌、乳腺癌和骨质疏松等慢性疾病的风险。养成多动的生活习惯，减少久坐少动的时间，每天都有一些消耗体力的活动。

身体活动包括生活、工作、出行往来和健身锻炼等各种消耗体力的活动，在体力付出的同时，肌肉收缩导致能量消耗增加。因此，走路、骑自行车、打球、跳舞、上下楼梯、清扫房间都是某种形式的身体活动。

3. 养成多动好习惯

每个人体质不同，所能承受的运动量不同。每个人的工作性质和生活习惯不同，在选择运动时间、内容、强度和频度时也可以有不同的选择。每天的身体活动可以分为两部分，一部分是包括工作、出行往来和家务这些日常生活中消耗较多体力的活动，另一部分是体育锻炼活动。

养成多动的生活习惯，每天都有一些消耗体力的活动是健康生活方式中必不可少的内容。用家务、散步等活动代替看电视、打牌，减少久坐少动的时间；上下楼梯、短距离走路和骑车、搬运物品、清扫房间都可以增加能量消耗、有助于保持能量平衡。

（1）千步活动量为尺，万步目标是追求：以日常生活中的中等速度步行，走1000步大约需要10分钟，每小时大约能走6千米，能量消耗增加2倍。以中速步行1000步为一把尺，度量你每天的身体活动。各种活动都可以换算为1千步的活动量或能量消耗，不同活动完成1000步活动量的时间不同。

10 000步并非适用于每个人的目标，日常活动少和体质差者可以选择4000步或7000步的目标。10 000步是追求，但不是唯一的选择。相当于10 000步的活动量可以通过①日常生活和工作中的活动。②步行或骑自行车出行往来。③运动锻炼达到目标。

（2）锻炼提示：虽然表面上你看起来很健康，但是一些隐藏的疾患可能在运动时伤害你，最好先听听医生的建议，看看开始从哪些活动做起更适合你。

更有效地促进健康需要每天4000步以上中等强度活动，如快走、上楼、擦地等，每次活动应在1000步活动量或10分钟以上。

中等强度活动时，你会感觉到心跳和呼吸加快，用力，但不吃力，可以随着呼吸的节奏连续说话，但不能唱歌。

开始锻炼时选择感觉轻松或有点用力的强度，给自己足够的时间适应活动量的变化，再逐渐增加活动强度和时间。

锻炼不能三天打鱼、两天晒网，每周应锻炼5天以上，最好养成每天锻炼的习惯，这样你会发现锻炼不再是一种负担。

生活和工作中养成多动的习惯，利用各种机会消耗体力。通过使用楼梯、短距离步行、搬运物品、打扫卫生、家务劳动等增加体力消耗。坚持锻炼也使你抵御突发病害的能力增强，那些没有日常锻炼习惯的人更容易发生急性心脏病。

当有一天你感觉到日常习惯的活动强度更吃力时，可能是身体的一时不适，也可能预示身体内某种潜在疾患的发作，请勿勉强坚持，可以减慢速度或停止活动。如果这种不适持续，应及时就医。

4.经常监测体重

体重过低或过高都会影响人体健康。健康体重和身高有关，最常用的判断方法是用体质指数（BMI）来判断：

体质指数（BMI）=体重（千克）/[身高（米）]^2

目前我国成年人体重正常的BMI范围是18.5～24千克/米^2，BMI＜18.5千克/米^2，为低体重；BMI在24～27.9千克/米^{2}范围内，为超重；BMI≥28千克/米^2，为肥胖。

第四篇
维权监督篇

- ◆ 正确看待食品安全问题
- ◆ 消费者维权的8个常识
- ◆ 食品安全监管部门职能介绍
- ◆ 严抓食品安全，可获丰厚回报

一、正确看待食品安全问题

现在，中国人的餐桌不能说不丰富，各种新奇食品频频被摆上餐桌，让人目不暇接，"还能吃什么"似乎已成人们的口头禅了。话又说回来，近年来频繁爆发的食品安全事件——瘦肉精、地沟油、黄曲霉素……又让人们在吃的方面越来越没有安全感。老百姓和媒体越来越关心食品安全问题是好事，有助于政府部门加强监督和检查，促进中国食品安全问题的解决。但是，对于食品安全问题，我们还要理性看待。

第一，中国是个人口大国，也是一个食品生产和消费大国。全国13亿多人每天要吃掉约200万吨食物。据不完全统计，目前全国有食品生产企业40多万家，食品经营主体323万家，农牧渔民2亿多户，小作坊、小摊贩、小餐饮更是难以计数。如此庞大的食品生产消费量，如此众多的生产经营者，再加之食品安全监管体制机制还不健全，由此带来的监管难度相当之大，难免会出现这样那样的问题。即使不合格的只是极少数，个案的发生率还是不低。在互联网传播日益发达的今天，这些违法违规的个案受到各方高度关注，很容易引起人们对食品安全的担忧，应该说，我国的食品安全总体上是有保障的。而且随着各方面的不懈努力，我们将在不断解决问题中促进保障水平不断提高。

第二，影响我国食品安全的因素是多方面的，主要有以下几方原因：第一是产业素质问题。近年来我国食品产业发展快速，对经济增长的贡献率逐年加大，但同时由于准入门槛低等原因，大量食品企业规模小、分布散、集约化程度不高，自身质量安全管理能力较低，这是我国食品安全基础薄弱的最大制约因素。第二是企业主体责任问题。市场经济越发达，市场主体的诚信问题就越重要。应该说，当前我国社会诚信水平总体上还需要进一步提高，一些不讲诚信、不讲道德的问题在不同行业都时有发生，食品行业同样如此。有些食品生产经营者为获取非法利益，甚至故意从事违法违规活动，带来了不容忽视的食品安全隐患。第三是消费结构问题。当前，随着经济社会的快速发展，工业化、城镇化步伐加快，城镇人口增长迅速，再加上居民生活方式的转型升级，人们对加工食品和家庭外就餐的需求越来越高，不但要求食品"好吃、好看、好闻"，而且对食品的方便性、低廉性、易储存性也提出了更高更多的需求。一些为改善口感、品相和延长保质期、提高营养成分检测指标的添加物质应运而生，其安全性成为食品安全的一个新的难题。此外，相对于食品产业的发展，我国的食品安全监管工作重审批轻监管，存在着不少薄弱环节。解决以上这些制约食品安全的复杂问题，需要我们不断加大标本兼治的工作力度，也需要全社会各方的共同努力。这需要一个过程，不可能一蹴而就。

第三，党中央、国务院高度重视食品安全问题，2009年国家公布实施了食品安全法及其实施条例；2010年成立了国务院食品安全委员会，加大了对全国食品安全工作的领导和协调力度。

最后，消费者要学会自我保护。自我保护的第一条措施：食物多样化，这也是居民均衡营养的第一条。大家要达到均衡营养，食物要多样化，因为没有一种食物含有我们人体所需要的全部营养要素。各种各样的东西要多吃一点，形成互相补充，这样既有利于均衡营养，又有利于避免食品污染对健康所造成的风险。第二条措施：买食品也得买名牌。我们现在的食品大部分都已经有品牌了。名牌比较靠得住，来源也可靠，而且还要去大一点的超市买名牌。大超市货源清楚，还有一定的检验措施来进行辅助性质的保证。第三条措施：要掌握一些必要的食品安全常识，知道怎么保护自己。从食源性疾病来讲，在家里吃了不合适的食物，腹泻、呕吐是很多家庭都发生的。问题在于你自己的操作方法是否正确，或者你买回来的熟食有没有充分加工，或者说冰箱里剩下来的食品再吃的时候有没有充分加热等，这些都是你自己的问题，所以要学会一些常识。

二、消费者维权的8个常识

1. 消费者如何进行食品安全投诉

（1）投诉的食品和生产经营该食品的单位一定要明确，包括食品的具体情况（食物中有异物、异味、包装标示不符合卫生要求）和生产经营该食品单位的地址等。

（2）要在最短的时间内向监管部门反映相应的情况，以便监管部门及时搜集到相应的证据。

（3）注意保存证据。消费者在投诉的时候要尽最大的可能保存相关的证据，如购物凭证（购物小票）、剩余食物、食品的包装（最好有销售单位加贴的价码或条码）等。在对可疑食物中毒投诉时，要注意提供购物凭证（购物小票）、剩余食物（包括打包带回家的剩余食物）、食品的包装（最好有销售单位加贴的价码或条码）、病人的呕吐物和排泄物（大便）等。

2. 消费者发现哪些食品安全违法行为应当举报

消费者发现以下食品安全违法行为应当举报：

（1）无证无照食品生产销售窝点；

（2）使用非食品原料生产加工食品；

（3）超量或超范围使用食品添加剂生产加工食品；

（4）销售未取得检验检疫合格证的生猪产品；

（5）销售病死猪（肉）及产品和注水或者注入其他物质的猪肉；

（6）使用过期、发霉、变质原料生产加工食品；

（7）制售无生产日期（更改生产日期）、保质期、厂名厂址的预包装食品；生产、销售、使用废弃食用油加工的食品；

（8）制售假冒伪劣保健食品行为；

（9）生产、销售仿冒知名品牌的食品；

（10）其他不符合食品安全法要求的生产、经营和服务行为。

3. 消费者举报食品安全违法行为的方式有哪些

消费者可以通过去人、信函、电话等方式，向当地政府食品安全办和相关监管部门进行举报。举报时应提供违法单位的名称、地址，违法人员的姓名、身份，以及违法事实等基本情况，并提供本人联系方式或联系电话。

4. 消费者在商场、超市、批发市场或集贸市场发现或购买到有问题的食品，如何进行投诉或举报

消费者在商场、超市、批发市场或集贸市场发现或购买到有问题的食品时，在明确销售者、保存必要证据的同时，可以向所在地工商行政管理部门进行投诉或举报。

5. 消费者在饭店就餐发现饭菜及饮品有问题时，如何进行投诉或举报

消费者在饭店就餐发现饭菜及饮品有问题时，可以向所在地的食品药品监督管理部门进行投诉或举报。

6. 消费者怀疑所购买的保健食品有问题时，如何进行投诉或举报

消费者怀疑所购买的保健食品有问题时，可以向所在地的食品药品监督管理部门进行投诉或举报。

7.发现假冒伪劣酒如何投诉和举报

酒类消费者遇到问题或发现有经营假冒伪劣酒的行为时，可拨打电话进行咨询或投诉举报，也可到酒类监督管理局进行咨询。

8.消费者在购买或者消费有问题的食品时，如何进行索赔

（1）应有相关的证据，如购物凭证（购物小票）、剩余食物、食品的包装（最好有销售单位加贴的价码或条码）等。可疑食物中毒时，要注意提供购物凭证（购物小票）、食品的包装（最好有销售单位加贴的价码或条码）、剩余食物（包括打包带回家的剩余食物）、病人的呕吐物和排泄物（大便）等等。

（2）要向相关部门（如消费者协会）提出，或者向人民法院起诉，当然，也可以与销售者协商解决，但要注意防止销售者毁灭证据。一般来说，食品安全监管部门不负责消费者与销售者之间损害赔偿的调解。

（3）要在法定的时限内提出损害赔偿的要求。按照我国法律的规定，向人民法院请求保护民事权利的诉讼时效期间为二年，法律另有规定的除外。但下列情况的诉讼时效期限为一年：身体受到伤害要求赔偿的、出售质量不合格商品未声明的、延付或者拒付租金的、寄存财物被丢失或者损毁的。诉讼时效期间从知道或者应当知道权利被侵害时起计算。

三、食品安全监管部门职能介绍

食品安全协调委员会 统一领导、统筹协调食品安全监管工作；研究食品安全监管政策和发展规划；审议食品安全工作计划、措施办法和工作任务；组织开展食品安全重要活动和专项整治；协调解决食品安全工作中的重大问题；督促检查地方政府及有关职能部门履行食品安全监管职责、落实食

品安全监管责任制和责任追究制等情况。

食品安全协调委员会办公室 负责食品安全协调委员会日常工作，承办、督办食品安全协调委员会决定事项；指导区县食品安全协调机构办公室工作；组织有关部门开展食品安全重大问题的专项督查;协调有关跨地区、跨部门食品安全重要事项；组织食品安全协调委员会各类会议。负责收集、汇总和分析整理食品安全信息，及时向各成员单位传递，负责协调委员会《食品安全综合信息》的编发。

发改委 会同有关部门研究制定食品行业发展规划及食品安全检测监督体系建设规划；拟定食品行业改革发展意见；加强粮食宏观调控，制定粮食储备计划。

经贸委 负责食品行业管理和产业结构调整，做好食品企业扶优扶强工作；提出整顿和规范食品市场经济秩序的工作建议；配合有关部门开展食品安全专项整治工作；会同有关部门推进食品安全信用体系建设工作。

教育局 负责学校食品安全管理工作，建立食品安全管理制度，普及食品安全健康教育；配合有关执法部门，加强学校周围饮食摊点的管理，取缔非法经营的饮食摊点；发生食物中毒事故应及时上报食品安全协调委员会和卫生部门，并采取有效控制措施，配合有关执法部门，做好应急救援和调查处理工作。

公安局 依法查处涉嫌犯罪的制售假冒伪劣食品及有毒有害食品案件，依法打击违法犯罪分子；负责保护重大食品安全事故现场，维护秩序和人员安全；配合食品安全监管部门，开展行政执法工作，查处以暴力、威胁方法阻碍国家机关工作人员依法执行职务案件，维护良好的行政执法环境，保障食品放心工程的顺利实施；会同有关部门推进食品安全信用体系建设工作。

监察局 对食品安全监督管理部门履行职责情况进行监督检查，促进依法行政；会同有关部门调查处理国家行政机关及其公务员和国家行政机关任命的其他人员在食品领域侵害、损伤人民群众生命安全、违反行政纪律的行为，按照干部管理权限对有关责任人员进行责任追究。

财政局　依据国家和省、市有关规定，各级财政部门配合有关部门为食品安全监管工作提供必要的经费保障；负责对食品安全监管经费投入使用情况进行监督检查。

农业局　负责初级农产品生产环节的监管。组织草拟农业标准及农业标准的实施；组织实施"无公害食品行动计划"；负责无公害农产品的产地认定以及无公害产品、绿色食品、有机食品的组织认证与管理；负责名牌农产品的组织认定与管理；负责组织农产品产地环境、农业投入品和农产品质量安全状况的例行监测及监督管理；依法对农业种子、农药、兽药、肥料等投入品进行登记、质量监管和使用监管，负责有关初级农产品农药残留、兽药残留等检测信息发布，会同有关部门推进食品安全信用体系建设工作。

食品药品监督管理局　负责食品安全协调委员会办公室的日常工作；组织制定全市食品安全综合监管政策、工作规划并监督实施；组织开展食品安全管理综合检查和专项监督检查；组织有关部门依法开展对重大食品安全事故的查处；负责食品安全事故的督查督办工作；综合协调有关部门开展食品安全检测和评价工作;负责食品安全信息的收集汇总、及时传递、分析整理，定期向社会发布食品安全综合信息，会同有关部门联合发布市场食品质量监督检查信息；牵头组织食品安全信用体系建设工作。

卫生局　对食品生产经营企业（包括餐饮业）进行卫生许可及相关日常监管，包括对从事食品生产经营单位的卫生条件进行卫生学评价及监督，对直接从事食品生产经营从业人员的健康状况进行监督检查；对新资源食品、食品添加剂新品种、新的食品包装材料等产品进行安全性审查并监督，对禁止使用的食品容器、包装材料和工具等做出规定；拟定食品卫生管理法规和食品卫生标准，组织实施《食品安全行动计划》；组织食品卫生、食源性疾病的监测，承担食品危险性评估的管理工作；指导公众饮食与健康，促进公众合理营养，平衡膳食；加大食品卫生监督的执法力度，参与查办大案要案；会同有关部门联合发布市场食品质量监督检查信息，推进食品安全信用体系建设工作。

水利与渔业局　负责渔业生产环节的监管。对水产捕捞、养殖过程中的生产环境、渔业投入品，按照水产品质量管理制度实施监督管理；负责对水产养殖中的渔药使用、药残检测和监督管理以及水产养殖过程中违法使用药的行政处罚，对水产养殖中饲料的使用以及水产苗种的质量实施监督管理；负责无公害水产品产地认定和组织认证与管理；组织草拟水产标准及水产标准的实施；负责水产品质量检验监测及产地环境监测；负责"无公害水产品行动计划"的组织实施和渔业质量安全与标准化体系建设；负责名牌水产品的组织认定与管理。

环保局　负责工业点源污染防治和城镇生活污水治理的监督管理和新上项目的"三同时"管理；组织编制重点区域、流域面源污染控制规划，并监督实施；监督、指导、协调有机食品发展工作，负责有机食品管理办公室的工作；负责城镇和农村生态保护规划编制的指导，并监督实施；负责进口废物的环境管理工作及危险废物经营许可、有毒化学品进出口登记等环境管理工作。

工商局　负责食品流通环节的监管。对流通领域食品质量进行监督管理；会同有关部门组织开展流通环节食品安全事故的调查处理，对食品经营者的不正当竞争行为进行监督检查；对食品类商品的商标、广告进行监督管理；保护食品消费者合法权益；对各类食品生产经营主体进行登记管理，打击无照生产经营食品等违法行为；会同有关部门联合发布市场食品质量监督检查信息和推进食品安全信用体系建设工作。

林业局　负责无公害经济林产品和森林食品的产地认定及监督管理工

作，指导无公害经济林产品标准化生产基地建设；依法实施对野生动植物及其产品的监督管理，审核发放重点保护野生动物驯养繁殖许可证、野生动物及其产品经营利用许可证；参与野生动植物及其产品的进出口监管工作；查处非法经营利用、运输、驯养繁殖、进出口野生动植物及其产品的违法行为。

质量技术监督局 负责食品生产加工环节的监管；负责食品生产加工环节的卫生监管。组织实施生产加工环节食品质量安全市场准入制度；负责食品生产加工业的专项整治工作；组织食品质量的监督检查；负责开展农产品和食品认证工作；推进原产地域产品（地理标志产品）保护工作；负责组织查处无生产许可证食品违法行为，会同有关部门组织开展生产加工环节食品安全事故的调查处理；会同有关部门建立健全食品安全标准体系、农业质量安全标准体系、食品检验检测体系，负责标准的组织制定及实施、农业标准化示范区的建设和管理工作；会同有关部门联合发布市场食品质量监督检查信息和推进食品安全信用体系建设工作。

旅游局 负责对旅行社旅游团队餐饮质量的监督检查，配合有关部门提高对旅游星级饭店食品安全的管理工作。

粮食局 贯彻执行《粮食流通管理条例》及有关法律、法规和政策，负责粮食收购、储存、运输、批发和加工环节原粮和储备粮的质量及卫生安全监管；组织开展粮食流通的质量监督管理和粮食标准化工作，配合有关部门加强粮食质量检验检测体系建设；负责组织粮食质量测报工作。

法制办 负责有关食品安全管理方面的政府规章、地方性法规的起草、审查工作；负责有关食品安全管理方面的规范性文件的备案审查；对部门执法工作中遇到有关法律方面的问题提供咨询意见；加强对从事食品安全管理执法人员的执法证件管理，监督食品安全管理行政执法活动。

贸易局 负责生猪屠宰环节的监督管理，制定生猪定点屠宰厂（场）

设置规划；会同有关部门依法查处私屠滥宰、制售假劣病死猪肉的违法行为。

畜牧局 负责动物疫病的预防、控制和扑灭等工作；负责动物及动物产品检疫，动物防疫监管；负责兽用药品、生物制品、饲料及饲料添加剂的生产、使用的监督管理。

盐务局 负责食盐生产、储运、批发、零售各环节的质量安全监管工作；依法查处涉盐违法案件，对违法生产、经营食盐涉嫌犯罪的，依法移送司法机关追究其刑事责任。

海关 负责对进出口食品依据法律、法规实施监管；对装载食品的进出境运输工具、进出口食品、个人携带及邮寄进出境的食品，实施海关监管；验核进出口食品所需法定证件；查缉食品走私。

出入境检验检疫局 负责进出口食品的卫生、检验检疫监督管理工作及检验检疫的审核、审批；负责出入境转基因食品的检验检疫及检验检疫标志监督管理工作；负责组织实施对进出口食品生产、加工、存储、经营等单位日常检验检疫监督管理工作；组织实施进出口动植物源性食品的残留监控计划；负责进出口食品检验检疫重大问题和安全卫生质量事故、食源性污染源的调查处理工作；组织实施对进出口食品的安全卫生的风险分析及国内外技术交流工作。负责组织对国内外有关食品、化妆品检验检疫信息、资料的收集、分析工作。会同有关部门推进食品安全信用体系建设工作。

蔬菜办 负责组织无公害蔬菜种植，协调产销工作；贯彻政府有关绿色蔬菜工作的方针政策，搞好调查研究、及时提出建议，当好市政府参谋；制定绿色蔬菜发展规划、计划并组织实施，配合有关部门搞好绿色蔬菜技术成果鉴定。

四、严抓食品安全，可获丰厚回报

积极解决食品安全问题，是全球食品科技和产业界的共同职责。"2011年国际食品安全论坛"在北京召开，来自全球的350余位政府官员、业内专家及知名企业代表参加。专家们深入评析国内外食品安全热点话题，并提供全球性的经验分享。本书特将美国农业部前副部长，国际食品安全专家委员会共同主席，中国农业大学客座任筑山教授的部分观点刊出，以飨读者。

我认为，不被污染的，健全的、消费起来安全的食品，就是安全的食品。食品安全是很多人的共同责任。所谓共同责任、分担责任，就意味着政府部门、消费者组织，还有食品加工业要合作，来保证食物供应的安全。我们要进行教育，除了政府、企业还有消费者。我们还要让教育机构、媒体来共同参与，这种共同责任，政府和行业部门承担着主要责任；教育机构、媒体有着特殊责任；每个消费者也要对自己负责，这样就保证了食品安全。在过去几年当中，中国取得了巨大的进步，政府和企业，特别是卫生部做了很多的工作，还有一些食品企业也改善了他们食品安全行为，但我还是想提出以下的建议，以便进一步改善中国食品安全状况。

我想透明是关键所在，只有透明才会被信任，包括赢得国内和国际消费者的信任，有很多丧失消费者信任的例子，就是因为不透明。特别是政府通过食品安全法律法规，若在实施过程当中能够更加透明的话，公民就会相信政府。食品企业更加透明，人家就会购买他们的产品，所以"透明"是一定要记住的。

那么在食品安全领域如何做到透明呢？首先是食品安全法律、法规和食品安全指南要公开化。在美国通过这些法律之前，在网上要公开征求意见

90天，征求企业、消费者的意见。美国无论是在政府还是企业的很多组织都有食品安全的顾问委员会。成立这些顾问委员会的时候，理事会的成员要反映出社会各方的意见。除了有专家之外，还要有来自于企业的代表、消费者代表、媒体代表等，还要公开选举。无论顾问委员会提出什么样的意见和建议都要进行文档记录，而且都应该是以科学证据为基础，实行透明公开。

另外，食品工业界也应该是透明的，最重要的一点就是食品安全或者是安全的食品不是通过监管和风险管理来实现的，安全的食品是由生产企业来生产的，应该是生产企业发挥主观能动性来生产出安全的食品，无论是里面的配料还是原材料，应该是食品工业发挥首要的责任。在任何国家、任何地方都是如此，所以食品工业应该遵循有关的标准，确保食品安全，保证所生产出来的产品是安全的。他们应该建立非常严格的质量保证体系，质量就是安全所在，高质量的产品将会是安全的产品。

食品安全监管应该成为生产成本当中的一部分，大家一定要认识到这一点。如果你做一个经济分析的话，你会发现在食品安全监管方面你花得越少，可能出现危险的概率就越高，而你在食品安全上所花的成本能够给你带来巨大的回报。在此，对于中国大型食品企业我有一个建议，就是要向公众披露食品安全信息。在美国走进麦当劳，所有食品营养成分都罗列在墙上，而且可以上网看到每个食品企业里都会列出这些营养成分。

最后，我还认为企业要有品牌意识，要有道德上的职责，用品牌来约束自己，发展自己，可以由大型企业开设一些食品安全方面的培训课程给小型企业。在美国加州有一个奶酪生产企业，他们有在玻璃罩下的奶酪生产线，这样每个人可以看到奶酪生产。在生产线的终端有一个小房间，每个月他们会在这个小房子里举办一些培训课程，告诉大家怎么进行安全的奶酪生产。这样公众对他们非常了解，所获得的业务回报也非常丰厚。

　　教育机构，在食品安全方面也要有自己独特的职责。他们需要设立一些正式的课程，可以是学位课程，也可以是证书课程，来培训合格的专业人才。还可以开发一些有关食品安全的培训课程，从而帮助食品行业提高食品安全水平。

　　对于大众媒体来说，我希望能够听取专家意见，凭科学证据进行报道，哪怕是为了自己媒体的品牌形象，而不是哗众取宠，造成社会恐慌。媒体还可以设立一些专栏向公众进行食品安全方面的宣传教育，宣传一些良好的健康方式。

附录

中华人民共和国食品安全法

（2009年2月28日第十一届全国人民代表大会常务委员会第七次会议通过）

第一章　总　则

第一条　为保证食品安全，保障公众身体健康和生命安全，制定本法。

第二条　在中华人民共和国境内从事下列活动，应当遵守本法：

（一）食品生产和加工（以下称食品生产），食品流通和餐饮服务（以下称食品经营）；

（二）食品添加剂的生产经营；

（三）用于食品的包装材料、容器、洗涤剂、消毒剂和用于食品生产经营的工具、设备（以下称食品相关产品）的生产经营；

（四）食品生产经营者使用食品添加剂、食品相关产品；

（五）对食品、食品添加剂和食品相关产品的安全管理。

供食用的源于农业的初级产品（以下称食用农产品）的质量安全管理，遵守《中华人民共和国农产品质量安全法》的规定。但是，制定有关食用农产品的质量安全标准、公布食用农产品安全有关信息，应当遵守本法的有关规定。

第三条 食品生产经营者应当依照法律、法规和食品安全标准从事生产经营活动，对社会和公众负责，保证食品安全，接受社会监督，承担社会责任。

第四条 国务院设立食品安全委员会，其工作职责由国务院规定。国务院卫生行政部门承担食品安全综合协调职责，负责食品安全风险评估、食品安全标准制定、食品安全信息公布、食品检验机构的资质认定条件和检验规范的制定，组织查处食品安全重大事故。国务院质量监督、工商行政管理和国家食品药品监督管理部门依照本法和国务院规定的职责，分别对食品生产、食品流通、餐饮服务活动实施监督管理。

第五条 县级以上地方人民政府统一负责、领导、组织、协调本行政区域的食品安全监督管理工作，建立健全食品安全全程监督管理的工作机制；统一领导、指挥食品安全突发事件应对工作；完善、落实食品安全监督管理责任制，对食品安全监督管理部门进行评议、考核。

县级以上地方人民政府依照本法和国务院的规定确定本级卫生行政、农业行政、质量监督、工商行政管理、食品药品监督管理部门的食品安全监督管理职责。有关部门在各自职责范围内负责本行政区域的食品安全监督管理工作。上级人民政府所属部门在下级行政区域设置的机构应当在所在地人民政府的统一组织、协调下，依法做好食品安全监督管理工作。

第六条 县级以上卫生行政、农业行政、质量监督、工商行政管理、食品药品监督管理部门应当加强沟通、密切配合，按照各自职责分工，依法行使职权，承担责任。

第七条 食品行业协会应当加强行业自律，引导食品生产经营者依法生产经营，推动行业诚信建设，宣传、普及食品安全知识。

第八条　国家鼓励社会团体、基层群众性自治组织开展食品安全法律、法规以及食品安全标准和知识的普及工作，倡导健康的饮食方式，增强消费者食品安全意识和自我保护能力。新闻媒体应当开展食品安全法律、法规以及食品安全标准和知识的公益宣传，并对违反本法的行为进行舆论监督。

第九条　国家鼓励和支持开展与食品安全有关的基础研究和应用研究，鼓励和支持食品生产经营者为提高食品安全水平采用先进技术和先进管理规范。

第十条　任何组织或者个人有权举报食品生产经营中违反本法的行为，有权向有关部门了解食品安全信息，对食品安全监督管理工作提出意见和建议。

第二章　食品安全风险监测和评估

第十一条　国家建立食品安全风险监测制度，对食源性疾病、食品污染以及食品中的有害因素进行监测。

国务院卫生行政部门会同国务院有关部门制定、实施国家食品安全风险监测计划。省、自治区、直辖市人民政府卫生行政部门根据国家食品安全风险监测计划，结合本行政区域的具体情况，组织制定、实施本行政区域的食品安全风险监测方案。

第十二条　国务院农业行政、质量监督、工商行政管理和国家食品药品监督管理等有关部门获知有关食品安全风险信息后，应当立即向国务院卫生行政部门通报。国务院卫生行政部门会同有关部门对信息核实后，应当及时调整食品安全风险监测计划。

第十三条　国家建立食品安全风险评估制度，对食品、食品添加剂中生物性、化学性和物理性危害进行风险评估。

国务院卫生行政部门负责组织食品安全风险评估工作，成立由医学、农业、食品、营养等方面的专家组成的食品安全风险评估专家委员会进行食品安全风险评估。

对农药、肥料、生长调节剂、兽药、饲料和饲料添加剂等的安全性评估，应当有食品安全风险评估专家委员会的专家参加。

食品安全风险评估应当运用科学方法，根据食品安全风险监测信息、科学数据以及其他有关信息进行。

第十四条 国务院卫生行政部门通过食品安全风险监测或者接到举报发现食品可能存在安全隐患的，应当立即组织进行检验和食品安全风险评估。

第十五条 国务院农业行政、质量监督、工商行政管理和国家食品药品监督管理等有关部门应当向国务院卫生行政部门提出食品安全风险评估的建议，并提供有关信息和资料。国务院卫生行政部门应当及时向国务院有关部门通报食品安全风险评估的结果。

第十六条 食品安全风险评估结果是制定、修订食品安全标准和对食品安全实施监督管理的科学依据。

食品安全风险评估结果得出食品不安全结论的，国务院质量监督、工商行政管理和国家食品药品监督管理部门应当依据各自职责立即采取相应措施，确保该食品停止生产经营，并告知消费者停止食用；需要制定、修订相关食品安全国家标准的，国务院卫生行政部门应当立即制定、修订。

第十七条 国务院卫生行政部门应当会同国务院有关部门，根据食品安全风险评估结果、食品安全监督管理信息，对食品安全状况进行综合分析。对经综合分析表明可能具有较高程度安全风险的食品，国务院卫生行政部门应当及时提出食品安全风险警示，并予以公布。

第三章　食品安全标准

第十八条　制定食品安全标准，应当以保障公众身体健康为宗旨，做到科学合理、安全可靠。

第十九条　食品安全标准是强制执行的标准。除食品安全标准外，不得制定其他的食品强制性标准。

第二十条　食品安全标准应当包括下列内容：

（一）食品、食品相关产品中的致病性微生物、农药残留、兽药残留、重金属、污染物质以及其他危害人体健康物质的限量规定；

（二）食品添加剂的品种、使用范围、用量；

（三）专供婴幼儿和其他特定人群的主辅食品的营养成分要求；

（四）对与食品安全、营养有关的标签、标识、说明书的要求；

（五）食品生产经营过程的卫生要求；

（六）与食品安全有关的质量要求；

（七）食品检验方法与规程；

（八）其他需要制定为食品安全标准的内容。

第二十一条食品安全国家标准由国务院卫生行政部门负责制定、公布，国务院标准化行政部门提供国家标准编号。

食品中农药残留、兽药残留的限量规定及其检验方法与规程由国务院卫生行政部门、国务院农业行政部门制定。屠宰畜、禽的检验规程由国务院有关主管部门会同国务院卫生行政部门制定。

有关产品国家标准涉及食品安全国家标准规定内容的，应当与食品安全国家标准相一致。

第二十二条　国务院卫生行政部门应当对现行的食用农产品质量安全标

准、食品卫生标准、食品质量标准和有关食品的行业标准中强制执行的标准予以整合，统一公布为食品安全国家标准。

本法规定的食品安全国家标准公布前，食品生产经营者应当按照现行食用农产品质量安全标准、食品卫生标准、食品质量标准和有关食品的行业标准生产经营食品。

第二十三条 食品安全国家标准应当经食品安全国家标准审评委员会审查通过。食品安全国家标准审评委员会由医学、农业、食品、营养等方面的专家以及国务院有关部门的代表组成。

制定食品安全国家标准，应当依据食品安全风险评估结果并充分考虑食用农产品质量安全风险评估结果，参照相关的国际标准和国际食品安全风险评估结果，并广泛听取食品生产经营者和消费者的意见。

第二十四条 没有食品安全国家标准的，可以制定食品安全地方标准。

省、自治区、直辖市人民政府卫生行政部门组织制定食品安全地方标准，应当参照执行本法有关食品安全国家标准制定的规定，并报国务院卫生行政部门备案。

第二十五条 企业生产的食品没有食品安全国家标准或者地方标准的，应当制定企业标准，作为组织生产的依据。国家鼓励食品生产企业制定严于食品安全国家标准或者地方标准的企业标准。企业标准应当报省级卫生行政部门备案，在本企业内部适用。

第二十六条 食品安全标准应当供公众免费查阅。

第四章　食品生产经营

第二十七条 食品生产经营应当符合食品安全标准，并符合下列要求：

（一）具有与生产经营的食品品种、数量相适应的食品原料处理和食品加工、包装、贮存等场所，保持该场所环境整洁，并与有毒、有害场所以及其他污染源保持规定的距离；

（二）具有与生产经营的食品品种、数量相适应的生产经营设备或者设施，有相应的消毒、更衣、盥洗、采光、照明、通风、防腐、防尘、防蝇、防鼠、防虫、洗涤以及处理废水、存放垃圾和废弃物的设备或者设施；

（三）有食品安全专业技术人员、管理人员和保证食品安全的规章制度；

（四）具有合理的设备布局和工艺流程，防止待加工食品与直接入口食品、原料与成品交叉污染，避免食品接触有毒物、不洁物；

（五）餐具、饮具和盛放直接入口食品的容器，使用前应当洗净、消毒，炊具、用具用后应当洗净，保持清洁；

（六）贮存、运输和装卸食品的容器、工具和设备应当安全、无害，保持清洁，防止食品污染，并符合保证食品安全所需的温度等特殊要求，不得将食品与有毒、有害物品一同运输；

（七）直接入口的食品应当有小包装或者使用无毒、清洁的包装材料、餐具；

（八）食品生产经营人员应当保持个人卫生，生产经营食品时，应当将手洗净，穿戴清洁的工作衣、帽；销售无包装的直接入口食品时，应当使用无毒、清洁的售货工具；

（九）用水应当符合国家规定的生活饮用水卫生标准；

（十）使用的洗涤剂、消毒剂应当对人体安全、无害；

（十一）法律、法规规定的其他要求。

第二十八条 禁止生产经营下列食品：

（一）用非食品原料生产的食品或者添加食品添加剂以外的化学物质和其他可能危害人体健康物质的食品，或者用回收食品作为原料生产的食品；

（二）致病性微生物、农药残留、兽药残留、重金属、污染物质以及其他危害人体健康的物质含量超过食品安全标准限量的食品；

（三）营养成分不符合食品安全标准的专供婴幼儿和其他特定人群的主辅食品；

（四）腐败变质、油脂酸败、霉变生虫、污秽不洁、混有异物、掺假掺杂或者感官性状异常的食品；

（五）病死、毒死或者死因不明的禽、畜、兽、水产动物肉类及其制品；

（六）未经动物卫生监督机构检疫或者检疫不合格的肉类，或者未经检验或者检验不合格的肉类制品；

（七）被包装材料、容器、运输工具等污染的食品；

（八）超过保质期的食品；

（九）无标签的预包装食品；

（十）国家为防病等特殊需要明令禁止生产经营的食品；

（十一）其他不符合食品安全标准或者要求的食品。

第二十九条 国家对食品生产经营实行许可制度。从事食品生产、食品流通、餐饮服务，应当依法取得食品生产许可、食品流通许可、餐饮服务许可。

取得食品生产许可的食品生产者在其生产场所销售其生产的食品，不需要取得食品流通的许可；取得餐饮服务许可的餐饮服务提供者在其餐饮服务场所出售其制作加工的食品，不需要取得食品生产和流通的许可；农民个人销售其自产的食用农产品，不需要取得食品流通的许可。

食品生产加工小作坊和食品摊贩从事食品生产经营活动，应当符合本法规定的与其生产经营规模、条件相适应的食品安全要求，保证所生产经营的食品卫生、无毒、无害，有关部门应当对其加强监督管理，具体管理办法由省、自治区、直辖市人民代表大会常务委员会依照本法制定。

第三十条　县级以上地方人民政府鼓励食品生产加工小作坊改进生产条件；鼓励食品摊贩进入集中交易市场、店铺等固定场所经营。

第三十一条　县级以上质量监督、工商行政管理、食品药品监督管理部门应当依照《中华人民共和国行政许可法》的规定，审核申请人提交的本法第二十七条第一项至第四项规定要求的相关资料，必要时对申请人的生产经营场所进行现场核查；对符合规定条件的，决定准予许可；对不符合规定条件的，决定不予许可并书面说明理由。

第三十二条　食品生产经营企业应当建立健全本单位的食品安全管理制度，加强对职工食品安全知识的培训，配备专职或者兼职食品安全管理人员，做好对所生产经营食品的检验工作，依法从事食品生产经营活动。

第三十三条　国家鼓励食品生产经营企业符合良好生产规范要求，实施危害分析与关键控制点体系，提高食品安全管理水平。

对通过良好生产规范、危害分析与关键控制点体系认证的食品生产经营企业，认证机构应当依法实施跟踪调查；对不再符合认证要求的企业，应当依法撤销认证，及时向有关质量监督、工商行政管理、食品药品监督管理部门通报，并向社会公布。认证机构实施跟踪调查不收取任何费用。

第三十四条　食品生产经营者应当建立并执行从业人员健康管理制度。患有痢疾、伤寒、病毒性肝炎等消化道传染病的人员，以及患有活动性肺结核、化脓性或者渗出性皮肤病等有碍食品安全的疾病的人员，不得从事接触直接入口食品的工作。

食品生产经营人员每年应当进行健康检查，取得健康证明后方可参加工作。

第三十五条　食用农产品生产者应当依照食品安全标准和国家有关规定使用农药、肥料、生长调节剂、兽药、饲料和饲料添加剂等农业投入品。食用农产品的生产企业和农民专业合作经济组织应当建立食用农产品生产记录制度。

县级以上农业行政部门应当加强对农业投入品使用的管理和指导，建立健全农业投入品的安全使用制度。

第三十六条 食品生产者采购食品原料、食品添加剂、食品相关产品，应当查验供货者的许可证和产品合格证明文件；对无法提供合格证明文件的食品原料，应当依照食品安全标准进行检验；不得采购或者使用不符合食品安全标准的食品原料、食品添加剂、食品相关产品。

食品生产企业应当建立食品原料、食品添加剂、食品相关产品进货查验记录制度，如实记录食品原料、食品添加剂、食品相关产品的名称、规格、数量、供货者名称及联系方式、进货日期等内容。

食品原料、食品添加剂、食品相关产品进货查验记录应当真实，保存期限不得少于二年。

第三十七条 食品生产企业应当建立食品出厂检验记录制度，查验出厂食品的检验合格证和安全状况，并如实记录食品的名称、规格、数量、生产日期、生产批号、检验合格证号、购货者名称及联系方式、销售日期等内容。

食品出厂检验记录应当真实，保存期限不得少于二年。

第三十八条 食品、食品添加剂和食品相关产品的生产者，应当依照食品安全标准对所生产的食品、食品添加剂和食品相关产品进行检验，检验合格后方可出厂或者销售。

第三十九条 食品经营者采购食品，应当查验供货者的许可证和食品合格的证明文件。

食品经营企业应当建立食品进货查验记录制度，如实记录食品的名称、规格、数量、生产批号、保质期、供货者名称及联系方式、进货日期等内容。

食品进货查验记录应当真实，保存期限不得少于二年。

实行统一配送经营方式的食品经营企业，可以由企业总部统一查验供货者的许可证和食品合格的证明文件，进行食品进货查验记录。

第四十条　食品经营者应当按照保证食品安全的要求贮存食品，定期检查库存食品，及时清理变质或者超过保质期的食品。

第四十一条　食品经营者贮存散装食品，应当在贮存位置标明食品的名称、生产日期、保质期、生产者名称及联系方式等内容。

食品经营者销售散装食品，应当在散装食品的容器、外包装上标明食品的名称、生产日期、保质期、生产经营者名称及联系方式等内容。

第四十二条　预包装食品的包装上应当有标签。标签应当标明下列事项：

（一）名称、规格、净含量、生产日期；

（二）成分或者配料表；

（三）生产者的名称、地址、联系方式；

（四）保质期；

（五）产品标准代号；

（六）贮存条件；

（七）所使用的食品添加剂在国家标准中的通用名称；

（八）生产许可证编号；

（九）法律、法规或者食品安全标准规定必须标明的其他事项。

专供婴幼儿和其他特定人群的主辅食品，其标签还应当标明主要营养成分及其含量。

第四十三条　国家对食品添加剂的生产实行许可制度。申请食品添加剂生产许可的条件、程序，按照国家有关工业产品生产许可证管理的规定执行。

第四十四条　申请利用新的食品原料从事食品生产或者从事食品添加剂新品种、食品相关产品新品种生产活动的单位或者个人，应当向国务院卫生行政部门提交相关产品的安全性评估材料。国务院卫生行政部门应当自收到申请之日起六十日内组织对相关产品的安全性评估材料进行审查；对符合食品安全要求的，依法决定准予许可并予以公布；对不符合食品安全要求的，决定不予许可并书面说明理由。

第四十五条　食品添加剂应当在技术上确有必要且经过风险评估证明安全可靠，方可列入允许使用的范围。国务院卫生行政部门应当根据技术必要性和食品安全风险评估结果，及时对食品添加剂的品种、使用范围、用量的标准进行修订。

第四十六条　食品生产者应当依照食品安全标准关于食品添加剂的品种、使用范围、用量的规定使用食品添加剂；不得在食品生产中使用食品添加剂以外的化学物质或者其他可能危害人体健康的物质。

第四十七条　食品添加剂应当有标签、说明书和包装。标签、说明书应当载明本法第四十二条第一款第一项至第六项、第八项、第九项规定的事项，以及食品添加剂的使用范围、用量、使用方法，并在标签上载明"食品添加剂"字样。

第四十八条　食品和食品添加剂的标签、说明书，不得含有虚假、夸大的内容，不得涉及疾病预防、治疗功能。生产者对标签、说明书上所载明的内容负责。

食品和食品添加剂的标签、说明书应当清楚、明显，容易辨识。

食品和食品添加剂与其标签、说明书所载明的内容不符的，不得上市销售。

第四十九条　食品经营者应当按照食品标签标示的警示标志、警示说明或者注意事项的要求，销售预包装食品。

第五十条 生产经营的食品中不得添加药品，但是可以添加按照传统既是食品又是中药材的物质。按照传统既是食品又是中药材的物质的目录由国务院卫生行政部门制定、公布。

第五十一条 国家对声称具有特定保健功能的食品实行严格监管。有关监督管理部门应当依法履职，承担责任。具体管理办法由国务院规定。

声称具有特定保健功能的食品不得对人体产生急性、亚急性或者慢性危害，其标签、说明书不得涉及疾病预防、治疗功能，内容必须真实，应当载明适宜人群、不适宜人群、功效成分或者标志性成分及其含量等；产品的功能和成分必须与标签、说明书相一致。

第五十二条 集中交易市场的开办者、柜台出租者和展销会举办者，应当审查入场食品经营者的许可证，明确入场食品经营者的食品安全管理责任，定期对入场食品经营者的经营环境和条件进行检查，发现食品经营者有违反本法规定的行为的，应当及时制止并立即报告所在地县级工商行政管理部门或者食品药品监督管理部门。

集中交易市场的开办者、柜台出租者和展销会举办者未履行前款规定义务，本市场发生食品安全事故的，应当承担连带责任。

第五十三条 国家建立食品召回制度。食品生产者发现其生产的食品不符合食品安全标准，应当立即停止生产，召回已经上市销售的食品，通知相关生产经营者和消费者，并记录召回和通知情况。

食品经营者发现其经营的食品不符合食品安全标准，应当立即停止经营，通知相关生产经营者和消费者，并记录停止经营和通知情况。食品生产者认为应当召回的，应当立即召回。

食品生产者应当对召回的食品采取补救、无害化处理、销毁等措施，并将食品召回和处理情况向县级以上质量监督部门报告。

食品生产经营者未依照本条规定召回或者停止经营不符合食品安全标准的食品的，县级以上质量监督、工商行政管理、食品药品监督管理部门可以责令其召回或者停止经营。

第五十四条 食品广告的内容应当真实合法，不得含有虚假、夸大的内容，不得涉及疾病预防、治疗功能。

食品安全监督管理部门或者承担食品检验职责的机构、食品行业协会、消费者协会不得以广告或者其他形式向消费者推荐食品。

第五十五条 社会团体或者其他组织、个人在虚假广告中向消费者推荐食品，使消费者的合法权益受到损害的，与食品生产经营者承担连带责任。

第五十六条 地方各级人民政府鼓励食品规模化生产和连锁经营、配送。

第五章 食品检验

第五十七条 食品检验机构按照国家有关认证认可的规定取得资质认定后，方可从事食品检验活动。但是，法律另有规定的除外。

食品检验机构的资质认定条件和检验规范，由国务院卫生行政部门规定。

本法施行前经国务院有关主管部门批准设立或者经依法认定的食品检验机构，可以依照本法继续从事食品检验活动。

第五十八条 食品检验由食品检验机构指定的检验人独立进行。

检验人应当依照有关法律、法规的规定，并依照食品安全标准和检验规范对食品进行检验，尊重科学，恪守职业道德，保证出具的检验数据和结论客观、公正，不得出具虚假的检验报告。

第五十九条 食品检验实行食品检验机构与检验人负责制。食品检验报告应当加盖食品检验机构公章，并有检验人的签名或者盖章。食品检验机构和检验人对出具的食品检验报告负责。

第六十条　食品安全监督管理部门对食品不得实施免检。

县级以上质量监督、工商行政管理、食品药品监督管理部门应当对食品进行定期或者不定期的抽样检验。进行抽样检验，应当购买抽取的样品，不收取检验费和其他任何费用。

县级以上质量监督、工商行政管理、食品药品监督管理部门在执法工作中需要对食品进行检验的，应当委托符合本法规定的食品检验机构进行，并支付相关费用。对检验结论有异议的，可以依法进行复检。

第六十一条　食品生产经营企业可以自行对所生产的食品进行检验，也可以委托符合本法规定的食品检验机构进行检验。

食品行业协会等组织、消费者需要委托食品检验机构对食品进行检验的，应当委托符合本法规定的食品检验机构进行。

第六章　食品进出口

第六十二条　进口的食品、食品添加剂以及食品相关产品应当符合我国食品安全国家标准。

进口的食品应当经出入境检验检疫机构检验合格后，海关凭出入境检验检疫机构签发的通关证明放行。

第六十三条　进口尚无食品安全国家标准的食品，或者首次进口食品添加剂新品种、食品相关产品新品种，进口商应当向国务院卫生行政部门提出申请并提交相关的安全性评估材料。国务院卫生行政部门依照本法第四十四条的规定作出是否准予许可的决定，并及时制定相应的食品安全国家标准。

第六十四条　境外发生的食品安全事件可能对我国境内造成影响，或者在进口食品中发现严重食品安全问题的，国家出入境检验检疫部门应当及时采取风险预警或者控制措施，并向国务院卫生行政、农业行政、工商行政管理和国家食品药品监督管理部门通报。接到通报的部门应当及时采取相应措施。

第六十五条 向我国境内出口食品的出口商或者代理商应当向国家出入境检验检疫部门备案。向我国境内出口食品的境外食品生产企业应当经国家出入境检验检疫部门注册。

国家出入境检验检疫部门应当定期公布已经备案的出口商、代理商和已经注册的境外食品生产企业名单。

第六十六条 进口的预包装食品应当有中文标签、中文说明书。标签、说明书应当符合本法以及我国其他有关法律、行政法规的规定和食品安全国家标准的要求，载明食品的原产地以及境内代理商的名称、地址、联系方式。预包装食品没有中文标签、中文说明书或者标签、说明书不符合本条规定的，不得进口。

第六十七条 进口商应当建立食品进口和销售记录制度，如实记录食品的名称、规格、数量、生产日期、生产或者进口批号、保质期、出口商和购货者名称及联系方式、交货日期等内容。

食品进口和销售记录应当真实，保存期限不得少于二年。

第六十八条 出口的食品由出入境检验检疫机构进行监督、抽检，海关凭出入境检验检疫机构签发的通关证明放行。出口食品生产企业和出口食品原料种植、养殖场应当向国家出入境检验检疫部门备案。

第六十九条 国家出入境检验检疫部门应当收集、汇总进出口食品安全信息，并及时通报相关部门、机构和企业。

国家出入境检验检疫部门应当建立进出口食品的进口商、出口商和出口食品生产企业的信誉记录，并予以公布。对有不良记录的进口商、出口商和出口食品生产企业，应当加强对其进出口食品的检验检疫。

第七章　食品安全事故处置

第七十条　国务院组织制定国家食品安全事故应急预案。

县级以上地方人民政府应当根据有关法律、法规的规定和上级人民政府的食品安全事故应急预案以及本地区的实际情况，制定本行政区域的食品安全事故应急预案，并报上一级人民政府备案。

食品生产经营企业应当制定食品安全事故处置方案，定期检查本企业各项食品安全防范措施的落实情况，及时消除食品安全事故隐患。

第七十一条　发生食品安全事故的单位应当立即予以处置，防止事故扩大。事故发生单位和接收病人进行治疗的单位应当及时向事故发生地县级卫生行政部门报告。

农业行政、质量监督、工商行政管理、食品药品监督管理部门在日常监督管理中发现食品安全事故，或者接到有关食品安全事故的举报，应当立即向卫生行政部门通报。

发生重大食品安全事故的，接到报告的县级卫生行政部门应当按照规定向本级人民政府和上级人民政府卫生行政部门报告。县级人民政府和上级人民政府卫生行政部门应当按照规定上报。

任何单位或者个人不得对食品安全事故隐瞒、谎报、缓报，不得毁灭有关证据。

第七十二条　县级以上卫生行政部门接到食品安全事故的报告后，应当立即会同有关农业行政、质量监督、工商行政管理、食品药品监督管理部门进行调查处理，并采取下列措施，防止或者减轻社会危害：

（一）开展应急救援工作，对因食品安全事故导致人身伤害的人员，卫生行政部门应当立即组织救治。

（二）封存可能导致食品安全事故的食品及其原料，并立即进行检验。对确认属于被污染的食品及其原料，责令食品生产经营者依照本法第五十三条的规定予以召回、停止经营并销毁。

（三）封存被污染的食品用工具及用具，并责令进行清洗消毒。

（四）做好信息发布工作，依法对食品安全事故及其处理情况进行发布，并对可能产生的危害加以解释、说明。

发生重大食品安全事故的，县级以上人民政府应当立即成立食品安全事故处置指挥机构，启动应急预案，依照前款规定进行处置。

第七十三条　发生重大食品安全事故，设区的市级以上人民政府卫生行政部门应当立即会同有关部门进行事故责任调查，督促有关部门履行职责，向本级人民政府提出事故责任调查处理报告。

重大食品安全事故涉及两个以上省、自治区、直辖市的，由国务院卫生行政部门依照前款规定组织事故责任调查。

第七十四条　发生食品安全事故，县级以上疾病预防控制机构应当协助卫生行政部门和有关部门对事故现场进行卫生处理，并对与食品安全事故有关的因素开展流行病学调查。

第七十五条　调查食品安全事故，除了查明事故单位的责任，还应当查明负有监督管理和认证职责的监督管理部门、认证机构的工作人员失职、渎职情况。

第八章　监督管理

第七十六条　县级以上地方人民政府组织本级卫生行政、农业行政、质量监督、工商行政管理、食品药品监督管理部门制定本行政区域的食品安全年度监督管理计划，并按照年度计划组织开展工作。

第七十七条　县级以上质量监督、工商行政管理、食品药品监督管理部门履行各自食品安全监督管理职责，有权采取下列措施：

（一）进入生产经营场所实施现场检查；

（二）对生产经营的食品进行抽样检验；

（三）查阅、复制有关合同、票据、账簿以及其他有关资料；

（四）查封、扣押有证据证明不符合食品安全标准的食品，违法使用的食品原料、食品添加剂、食品相关产品，以及用于违法生产经营或者被污染的工具、设备；

（五）查封违法从事食品生产经营活动的场所。

县级以上农业行政部门应当依照《中华人民共和国农产品质量安全法》规定的职责，对食用农产品进行监督管理。

第七十八条　县级以上质量监督、工商行政管理、食品药品监督管理部门对食品生产经营者进行监督检查，应当记录监督检查的情况和处理结果。监督检查记录经监督检查人员和食品生产经营者签字后归档。

第七十九条　县级以上质量监督、工商行政管理、食品药品监督管理部门应当建立食品生产经营者食品安全信用档案，记录许可颁发、日常监督检查结果、违法行为查处等情况；根据食品安全信用档案的记录，对有不良信用记录的食品生产经营者增加监督检查频次。

第八十条　县级以上卫生行政、质量监督、工商行政管理、食品药品监督管理部门接到咨询、投诉、举报，对属于本部门职责的，应当受理，并及时进行答复、核实、处理；对不属于本部门职责的，应当书面通知并移交有权处理的部门处理。有权处理的部门应当及时处理，不得推诿；属于食品安全事故的，依照本法第七章有关规定进行处置。

第八十一条　县级以上卫生行政、质量监督、工商行政管理、食品药品监督管理部门应当按照法定权限和程序履行食品安全监督管理职责；对生产经营者的同一违法行为，不得给予二次以上罚款的行政处罚；涉嫌犯罪的，应当依法向公安机关移送。

第八十二条 国家建立食品安全信息统一公布制度。下列信息由国务院卫生行政部门统一公布：

（一）国家食品安全总体情况；

（二）食品安全风险评估信息和食品安全风险警示信息；

（三）重大食品安全事故及其处理信息；

（四）其他重要的食品安全信息和国务院确定的需要统一公布的信息。

前款第二项、第三项规定的信息，其影响限于特定区域的，也可以由有关省、自治区、直辖市人民政府卫生行政部门公布。县级以上农业行政、质量监督、工商行政管理、食品药品监督管理部门依据各自职责公布食品安全日常监督管理信息。

食品安全监督管理部门公布信息，应当做到准确、及时、客观。

第八十三条 县级以上地方卫生行政、农业行政、质量监督、工商行政管理、食品药品监督管理部门获知本法第八十二条第一款规定的需要统一公布的信息，应当向上级主管部门报告，由上级主管部门立即报告国务院卫生行政部门；必要时，可以直接向国务院卫生行政部门报告。

县级以上卫生行政、农业行政、质量监督、工商行政管理、食品药品监督管理部门应当相互通报获知的食品安全信息。

第九章　法律责任

第八十四条 违反本法规定，未经许可从事食品生产经营活动，或者未经许可生产食品添加剂的，由有关主管部门按照各自职责分工，没收违法所得、违法生产经营的食品、食品添加剂和用于违法生产经营的工具、设备、原料等物品；违法生产经营的食品、食品添加剂货值金额不足一万元的，并处二千元以上五万元以下罚款；货值金额一万元以上的，并处货值金额五倍以上十倍以下罚款。

第八十五条　违反本法规定，有下列情形之一的，由有关主管部门按照各自职责分工，没收违法所得、违法生产经营的食品和用于违法生产经营的工具、设备、原料等物品；违法生产经营的食品货值金额不足一万元的，并处二千元以上五万元以下罚款；货值金额一万元以上的，并处货值金额五倍以上十倍以下罚款；情节严重的，吊销许可证。

（一）用非食品原料生产食品或者在食品中添加食品添加剂以外的化学物质和其他可能危害人体健康的物质，或者用回收食品作为原料生产食品；

（二）生产经营致病性微生物、农药残留、兽药残留、重金属、污染物质以及其他危害人体健康的物质含量超过食品安全标准限量的食品；

（三）生产经营营养成分不符合食品安全标准的专供婴幼儿和其他特定人群的主辅食品；

（四）经营腐败变质、油脂酸败、霉变生虫、污秽不洁、混有异物、掺假掺杂或者感官性状异常的食品；

（五）经营病死、毒死或者死因不明的禽、畜、兽、水产动物肉类，或者生产经营病死、毒死或者死因不明的禽、畜、兽、水产动物肉类的制品；

（六）经营未经动物卫生监督机构检疫或者检疫不合格的肉类，或者生产经营未经检验或者检验不合格的肉类制品；

（七）经营超过保质期的食品；

（八）生产经营国家为防病等特殊需要明令禁止生产经营的食品；

（九）利用新的食品原料从事食品生产或者从事食品添加剂新品种、食品相关产品新品种生产，未经过安全性评估；

（十）食品生产经营者在有关主管部门责令其召回或者停止经营不符合食品安全标准的食品后，仍拒不召回或者停止经营的。

第八十六条 违反本法规定，有下列情形之一的，由有关主管部门按照各自职责分工，没收违法所得、违法生产经营的食品和用于违法生产经营的工具、设备、原料等物品；违法生产经营的食品货值金额不足一万元的，并处二千元以上五万元以下罚款；货值金额一万元以上的，并处货值金额二倍以上五倍以下罚款；情节严重的，责令停产停业，直至吊销许可证。

（一）经营被包装材料、容器、运输工具等污染的食品；

（二）生产经营无标签的预包装食品、食品添加剂或者标签、说明书不符合本法规定的食品、食品添加剂；

（三）食品生产者采购、使用不符合食品安全标准的食品原料、食品添加剂、食品相关产品；

（四）食品生产经营者在食品中添加药品。

第八十七条 违反本法规定，有下列情形之一的，由有关主管部门按照各自职责分工，责令改正，给予警告；拒不改正的，处二千元以上二万元以下罚款；情节严重的，责令停产停业，直至吊销许可证。

（一）未对采购的食品原料和生产的食品、食品添加剂、食品相关产品进行检验；

（二）未建立并遵守查验记录制度、出厂检验记录制度；

（三）制定食品安全企业标准未依照本法规定备案；

（四）未按规定要求贮存、销售食品或者清理库存食品；

（五）进货时未查验许可证和相关证明文件；

（六）生产的食品、食品添加剂的标签、说明书涉及疾病预防、治疗功能；

（七）安排患有本法第三十四条所列疾病的人员从事接触直接入口食品的工作。

第八十八条　违反本法规定，事故单位在发生食品安全事故后未进行处置、报告的，由有关主管部门按照各自职责分工，责令改正，给予警告；毁灭有关证据的，责令停产停业，并处二千元以上十万元以下罚款；造成严重后果的，由原发证部门吊销许可证。

第八十九条　违反本法规定，有下列情形之一的，依照本法第八十五条的规定给予处罚：

（一）进口不符合我国食品安全国家标准的食品；

（二）进口尚无食品安全国家标准的食品，或者首次进口食品添加剂新品种、食品相关产品新品种，未经过安全性评估；

（三）出口商未遵守本法的规定出口食品。

违反本法规定，进口商未建立并遵守食品进口和销售记录制度的，依照本法第八十七条的规定给予处罚。

第九十条　违反本法规定，集中交易市场的开办者、柜台出租者、展销会的举办者允许未取得许可的食品经营者进入市场销售食品，或者未履行检查、报告等义务的，由有关主管部门按照各自职责分工，处二千元以上五万元以下罚款；造成严重后果的，责令停业，由原发证部门吊销许可证。

第九十一条　违反本法规定，未按照要求进行食品运输的，由有关主管部门按照各自职责分工，责令改正，给予警告；拒不改正的，责令停产停业，并处二千元以上五万元以下罚款；情节严重的，由原发证部门吊销许可证。

第九十二条　被吊销食品生产、流通或者餐饮服务许可证的单位，其直接负责的主管人员自处罚决定作出之日起五年内不得从事食品生产经营管理工作。

食品生产经营者聘用不得从事食品生产经营管理工作的人员从事管理工作的，由原发证部门吊销许可证。

第九十三条　违反本法规定，食品检验机构、食品检验人员出具虚假检验报告的，由授予其资质的主管部门或者机构撤销该检验机构的检验资格；依法对检验机构直接负责的主管人员和食品检验人员给予撤职或者开除的处分。

违反本法规定，受到刑事处罚或者开除处分的食品检验机构人员，自刑罚执行完毕或者处分决定作出之日起十年内不得从事食品检验工作。食品检验机构聘用不得从事食品检验工作的人员的，由授予其资质的主管部门或者机构撤销该检验机构的检验资格。

第九十四条　违反本法规定，在广告中对食品质量作虚假宣传，欺骗消费者的，依照《中华人民共和国广告法》的规定给予处罚。

违反本法规定，食品安全监督管理部门或者承担食品检验职责的机构、食品行业协会、消费者协会以广告或者其他形式向消费者推荐食品的，由有关主管部门没收违法所得，依法对直接负责的主管人员和其他直接责任人员给予记大过、降级或者撤职的处分。

第九十五条　违反本法规定，县级以上地方人民政府在食品安全监督管理中未履行职责，本行政区域出现重大食品安全事故、造成严重社会影响的，依法对直接负责的主管人员和其他直接责任人员给予记大过、降级、撤职或者开除的处分。

违反本法规定，县级以上卫生行政、农业行政、质量监督、工商行政管理、食品药品监督管理部门或者其他有关行政部门不履行本法规定的职责或者滥用职权、玩忽职守、徇私舞弊的，依法对直接负责的主管人员和其他直接责任人员给予记大过或者降级的处分；造成严重后果的，给予撤职或者开除的处分；其主要负责人应当引咎辞职。

第九十六条　违反本法规定，造成人身、财产或者其他损害的，依法承担赔偿责任。

生产不符合食品安全标准的食品或者销售明知是不符合食品安全标准的食品，消费者除要求赔偿损失外，还可以向生产者或者销售者要求支付价款十倍的赔偿金。

第九十七条　违反本法规定，应当承担民事赔偿责任和缴纳罚款、罚金，其财产不足以同时支付时，先承担民事赔偿责任。

第九十八条　违反本法规定，构成犯罪的，依法追究刑事责任。

第十章　附　则

第九十九条　本法下列用语的含义：

食品，指各种供人食用或者饮用的成品和原料以及按照传统既是食品又是药品的物品，但是不包括以治疗为目的的物品。

食品安全，指食品无毒、无害，符合应当有的营养要求，对人体健康不造成任何急性、亚急性或者慢性危害。

预包装食品，指预先定量包装或者制作在包装材料和容器中的食品。

食品添加剂，指为改善食品品质和色、香、味以及为防腐、保鲜和加工工艺的需要而加入食品中的人工合成或者天然物质。

用于食品的包装材料和容器，指包装、盛放食品或者食品添加剂用的纸、竹、木、金属、搪瓷、陶瓷、塑料、橡胶、天然纤维、化学纤维、玻璃等制品和直接接触食品或者食品添加剂的涂料。

用于食品生产经营的工具、设备，指在食品或者食品添加剂生产、流通、使用过程中直接接触食品或者食品添加剂的机械、管道、传送带、容器、用具、餐具等。

用于食品的洗涤剂、消毒剂，指直接用于洗涤或者消毒食品、餐饮具以及直接接触食品的工具、设备或者食品包装材料和容器的物质。

保质期，指预包装食品在标签指明的贮存条件下保持品质的期限。

食源性疾病，指食品中致病因素进入人体引起的感染性、中毒性等疾病。

食物中毒，指食用了被有毒有害物质污染的食品或者食用了含有毒有害物质的食品后出现的急性、亚急性疾病。

食品安全事故，指食物中毒、食源性疾病、食品污染等源于食品，对人体健康有危害或者可能有危害的事故。

第一百条　食品生产经营者在本法施行前已经取得相应许可证的，该许可证继续有效。

第一百零一条　乳品、转基因食品、生猪屠宰、酒类和食盐的食品安全管理，适用本法；法律、行政法规另有规定的，依照其规定。

第一百零二条　铁路运营中食品安全的管理办法由国务院卫生行政部门会同国务院有关部门依照本法制定。

军队专用食品和自供食品的食品安全管理办法由中央军事委员会依照本法制定。

第一百零三条　国务院根据实际需要，可以对食品安全监督管理体制作出调整。

第一百零四条　本法自2009年6月1日起施行。《中华人民共和国食品卫生法》同时废止。

后　记

　　2012年，朋友在山东某地做一个关于营养健康城市的宣传项目，邀我前去编辑策划。那段时间刚好写完一本书稿，憋闷的时间长了，也想出去走走。到那儿经过了解，才发现老百姓对食品安全的关注度更高，至于膳食营养反而居其次，因为食品安全都保证不了，何谈营养。现实如此，项目只好重敲锣鼓另开张。

　　说来容易，怎么切入？要么泛泛而论，结构松垮；要么高深莫测，百姓接受不了，三易其稿，不得要领。一个消息传来，中国科协年会马上要在河北省石家庄市召开，活动主题就是食品安全，我们一行人又急忙奔赴石家庄。到了才知道，这两年食品安全接连出事儿，国家高层对此次年会非常关注，不但规格高——由中国科协、河北省人民政府主办，而且媒体关注，全国各路人马云集于此，大有打个食品安全歼灭战的意思。活动主会场彩旗飘扬，人山人海，各类主题活动是应有尽有。当然，我们最关心的还是会议宣传材料的发放，但逢材料照单全收。回到酒店一一整理，发现一个问题：虽然参与企业不少，资料一大摞，但各执一词，不适合老百姓阅读。唉！在当今食品安全问题层出不穷的情况下，竟然没有一本综合性的书籍，既宣传了食品安全法、各政府部门职能，又适合老百姓查阅的书籍，遗憾啊！

　　方向明确了，我们就做这样的科普书。先设置了一个问卷调查，然后征求各方意见，不断地修改完善，最后形成了今天的目录。为保证书的知识性、科学性和权威性，我们在编著过程中翻阅了大量的资料，参考了国家食品药品监督管理局培训中心的科普读物《安全饮食　健康生活》，河北省农业厅编辑的《食用农产品知识读本》，北京市人民政府主编的《首都市民健康膳食指导》，中国营养学会名誉理事长、首席顾问葛可佑主编的《中国居民膳食指南》，魏世平主编的《餐桌上隐藏的危险》。一个宗旨：通俗易懂，图文并茂。我们始终坚定一个信念，如果这本小册子能为国家的食品安全宣传发挥一点儿光和热，我们最初的愿望就算达到了。

　　本书在编写时，采用了部分图片，因地址不详，无法与作者本人沟通，请有关人士及时与本书作者联系。在此，我们向上述所有关心、支持本书编辑出版的学者、单位以及图片的提供者，一并表示由衷的谢意。

任建伟

2014年9月29日